名师名校新形态
通识教育系列教材

山东大学数学学院
MATH 1930 School of Mathematics · Shandong University
新形态系列教材

线性代数

练习册

张天德 孙钦福 主编

人民邮电出版社
北京

图书在版编目（CIP）数据

线性代数练习册 / 张天德，孙钦福主编. -- 北京 : 人民邮电出版社，2022.8
名师名校新形态通识教育系列教材
ISBN 978-7-115-59467-9

Ⅰ. ①线… Ⅱ. ①张… ②孙… Ⅲ. ①线性代数－高等学校－习题集 Ⅳ. ①O151.2-44

中国版本图书馆CIP数据核字(2022)第100466号

内 容 提 要

本书是山东大学数学学院新形态系列教材《线性代数（慕课版）》配套的练习册. 本书采用“一节一练”的结构，与配套教材完全对应. 本书练习题覆盖配套教材的 6 章全部知识点，具体内容包括：行列式、矩阵、向量与向量空间、线性方程组、矩阵的特征值与特征向量、二次型. 本书内容由易到难、由浅入深，有助于学生对知识点的理解、巩固和掌握，可以满足不同基础、不同要求的学生的学习需求，方便授课教师规范课后作业，方便学生自评、自测、总结学习情况.

本书可作为高等学校工科类学生学习“线性代数”课程的参考用书，也可作为研究生入学考试的辅导用书，书中的习题还可供任课教师用于习题课教学.

◆ 主　　编　张天德　孙钦福
责任编辑　刘　定
责任印制　王　郁　陈　犇
◆ 人民邮电出版社出版发行　　北京市丰台区成寿寺路 11 号
邮编　100164　　电子邮件　315@ptpress.com.cn
网址　https://www.ptpress.com.cn
三河市中晟雅豪印务有限公司印刷
◆ 开本：787×1092　1/16
印张：7.75　　2022 年 8 月第 1 版
字数：185 千字　　2024 年 11 月河北第 6 次印刷

定价：36.00 元

读者服务热线：(010)81055256　印装质量热线：(010)81055316
反盗版热线：(010)81055315
广告经营许可证：京东市监广登字 20170147 号

前　言

“线性代数”不仅是工科类专业的必修基础课程，还是相关专业研究生入学考试的重要科目，在大学课程中占有十分重要的地位. 本书旨在帮助任课教师规范课后作业，帮助学生自评、自测、总结学习情况.

本书与《线性代数(慕课版)》完全对应，选取了具有代表性的经典习题，采用“一节一练”的结构，并为每章选配了测验题，同时提供两套期末模拟试卷. 在内容取舍上，本书根据适应教学内容的改革和新工科建设的要求，舍弃难度较大的练习题，补充强化基本知识点理解和应用的练习题，精选难度适中、解题方法具有代表性的练习题. 在体系编排上，本书紧扣“线性代数”课程循序渐进、融会贯通的特点，内容由易到难、由浅入深，题目类型涵盖选择题、填空题、计算题、解答题等.

本书与配套教材形成互补，题量多、梯度大，既能帮助学生通过高效的练习，加强对知识点的理解、巩固和掌握，为期末考试、考研等打好基础，又能对配套教材各章知识点进行有效补充和拓展，帮助学生更好地掌握高等数学基础知识，提高综合素养，打好数学基础.

编者

2022 年 3 月

目 录

05

第 5 章 矩阵的特征值与特征向量

06

第 6 章 二次型

线性代数期末测试卷（一）

线性代数期末测试卷（二）

第 1 章 行列式

重点：行列式的概念与性质、行列式的计算、克莱姆法则的应用.

难点：n 阶行列式的计算.

知识结构

本章重点内容介绍

1.1 行列式的基本概念

1. 在 4 阶行列式 $|a_{ij}|$ 的展开式中不会出现的项是(　　).

(A) $a_{24}a_{13}a_{32}a_{41}$　　(B) $-a_{24}a_{13}a_{32}a_{41}$　　(C) $a_{14}a_{23}a_{32}a_{41}$　　(D) $a_{11}a_{22}a_{33}a_{44}$

2. n 阶行列式 $D=\begin{vmatrix} 0 & 0 & \cdots & 0 & 1 \\ 0 & 0 & \cdots & 2 & 0 \\ \vdots & \vdots & & \vdots & \vdots \\ 0 & n-1 & \cdots & 0 & 0 \\ n & 0 & \cdots & 0 & 0 \end{vmatrix}=$____________.

3. 设 A 为 4 阶行列式，其中共含 13 个零元素，则 $A=$____________.

4. 设排列 $x_1x_2\cdots x_{n-1}x_n$ 的逆序数为 k，则排列 $x_nx_{n-1}\cdots x_2x_1$ 的逆序数是____________.

5. 在 5 阶行列式 $|a_{ij}|$ 中，乘积 $a_{33}a_{21}a_{52}a_{45}a_{14}$ 前应取____________号.

6. 若 5 阶行列式 D 中有多于 20 个元素为 0，则 $D=$____________.

7. 证明：元素为0,1的3阶行列式的值只能是0,±1,±2.

8. 由n阶行列式$D=\begin{vmatrix} 1 & 1 & \cdots & 1 \\ 1 & 1 & \cdots & 1 \\ \vdots & \vdots & & \vdots \\ 1 & 1 & \cdots & 1 \end{vmatrix}=0$，证明：奇偶排列个数各为$\frac{n!}{2}$.

1.2　行列式的性质及其应用

1. 如果行列式 $D=\begin{vmatrix} a_{11} & a_{12} & a_{13} \\ a_{21} & a_{22} & a_{23} \\ a_{31} & a_{32} & a_{33} \end{vmatrix}$，则行列式 $D_1=\begin{vmatrix} 3a_{11} & 3a_{12} & 3a_{13} \\ 3a_{21} & 3a_{22} & 3a_{23} \\ 3a_{31} & 3a_{32} & 3a_{33} \end{vmatrix}=($　　$)$.

(A) $3D$　　(B) $-3D$　　(C) $27D$　　(D) $-27D$

2. 若行列式 $\begin{vmatrix} 1 & 0 & 2 \\ x & 3 & 1 \\ 4 & x & 5 \end{vmatrix}$ 中，代数余子式 $A_{12}=-1$，则 $A_{21}=($　　$)$.

(A) 2　　(B) −2　　(C) 3　　(D) −3

3. 行列式 $\begin{vmatrix} 1 & a & a^2 \\ 1 & b & b^2 \\ 1 & c & c^2 \end{vmatrix}=($　　$)$.

(A) $(a+2b)(a-b)^2$　　(B) $(b-a)(c-a)(c-b)$

(C) $(a+2b)(a-b)$　　(D) $(a-b)^3$

4. 已知 $D=\begin{vmatrix} -1 & 0 & x & 1 \\ 1 & 1 & -1 & -1 \\ 1 & -1 & 1 & -1 \\ 1 & -1 & -1 & 1 \end{vmatrix}$，则 D 中的一次项系数是(　　).

(A) 4　　(B) 1　　(C) −4　　(D) −1

5. 已知行列式 $D=\begin{vmatrix} 1 & 0 & 1 \\ 2 & 1 & 1 \\ 3 & 0 & x \end{vmatrix}=0$，则 $x=($　　$)$.

(A) 3　　(B) −3　　(C) 1　　(D) −1

6. 已知行列式 $\begin{vmatrix} 1 & \frac{1}{2} & 0 \\ 1 & x & -2 \\ -3 & 2 & 7 \end{vmatrix}=0$，则 $x=($　　$)$.

(A) $\frac{1}{2}$　　(B) $-\frac{1}{2}$　　(C) 2　　(D) −2

7. 行列式 $\begin{vmatrix} a & b & b \\ b & a & b \\ b & b & a \end{vmatrix}=($　　$)$.

(A) $(a+2b)(a-b)^2$　　(B) $(a+b)(a-b)^2$

(C) $(a+2b)(a-b)$　　(D) $(a-b)^3$

8. 设 $n(n\geqslant 3)$ 阶行列式 $\begin{vmatrix} 1 & a & a & \cdots & a \\ a & 1 & a & \cdots & a \\ a & a & 1 & \cdots & a \\ \vdots & \vdots & \vdots & & \vdots \\ a & a & a & \cdots & 1 \end{vmatrix}=0$，则 a 的值为(　　).

(A) 1　　(B) $\frac{1}{1-n}$　　(C) -1　　(D) 1 或 $\frac{1}{1-n}$

9. 设 $D_n=\begin{vmatrix} 1 & 1 & \cdots & 1 \\ 0 & 2 & \cdots & 2 \\ \vdots & \vdots & & \vdots \\ 0 & 0 & \cdots & n \end{vmatrix}$，则 D_n 中所有元素的代数余子式之和为(　　).

(A) 0　　(B) $n!$　　(C) $-n!$　　(D) $2n!$

10. 行列式 $\begin{vmatrix} 0 & 1 & 1 & 1 \\ 1 & 0 & 1 & 1 \\ 1 & 1 & 0 & 1 \\ 1 & 1 & 1 & 0 \end{vmatrix}=$__________.

11. 设 $A_{ij}(i,j=1,2)$ 为行列式 $D=\begin{vmatrix} 2 & 1 \\ 3 & 1 \end{vmatrix}$ 中元素 a_{ij} 的代数余子式，则 $\begin{vmatrix} A_{11} & A_{12} \\ A_{21} & A_{22} \end{vmatrix}=$__________.

12. 已知行列式 $\begin{vmatrix} a_{11} & a_{12} \\ a_{21} & a_{22} \end{vmatrix}=-1$，则 $\begin{vmatrix} a_{11} & 3a_{12} & 0 \\ a_{21} & 3a_{22} & 0 \\ 2020 & 2021 & 2 \end{vmatrix}=$__________.

13. 已知行列式 $D=\begin{vmatrix} a_{11} & 2a_{12} & 3a_{13} \\ 2a_{21} & 4a_{22} & 6a_{23} \\ 3a_{31} & 6a_{32} & 9a_{33} \end{vmatrix}=6$，则 $D_1=\begin{vmatrix} a_{11} & a_{12} & a_{13} \\ a_{21} & a_{22} & a_{23} \\ a_{31} & a_{32} & a_{33} \end{vmatrix}=$__________.

14. 若 $n(n>1)$ 阶行列式 D 中所有元素都为 1，则 $D=$__________.

15. 设 a,b,c 互不相同，$D=\begin{vmatrix} a & b & c \\ a^2 & b^2 & c^2 \\ b+c & c+a & a+b \end{vmatrix}$，则 $D=0$ 的充要条件是__________.

16. 若 $\begin{vmatrix} \lambda-3 & -2 & 2 \\ k & \lambda+1 & -k \\ -4 & -2 & \lambda+3 \end{vmatrix}=0$，则 $\lambda=$__________.

17. 若 $\begin{vmatrix} \lambda-a & -1 & -1 \\ -1 & \lambda-a & 1 \\ -1 & 1 & \lambda-a \end{vmatrix}=0$，则 $\lambda=$__________.

18. 设 n 阶行列式 $D=\begin{vmatrix} a & b & \cdots & b \\ b & a & \cdots & b \\ \vdots & \vdots & & \vdots \\ b & b & \cdots & a \end{vmatrix}$，求 $A_{11}+A_{21}+\cdots+A_{n1}$.

19. 设 $D=\begin{vmatrix} 2 & 1 & 1 & 1 \\ 1 & 2 & 1 & 1 \\ 1 & 1 & 2 & 1 \\ 1 & 1 & 1 & 2 \end{vmatrix}$，$A_{ij}(i,j=1,2,3,4)$ 表示其第 i 行第 j 列元素的代数余子式，试求 $A_{11}+A_{12}+A_{13}+A_{14}$.

20. 计算 n 阶行列式 $D=\begin{vmatrix} a & b & \cdots & b \\ b & a & \cdots & b \\ \vdots & \vdots & & \vdots \\ b & b & \cdots & a \end{vmatrix}$.

21. 计算行列式 $D=\begin{vmatrix} a+b+2c & a & b \\ c & b+c+2a & b \\ c & a & c+a+2b \end{vmatrix}$.

1.3　行列式的典型计算方法

1. 行列式 $\begin{vmatrix} 1 & a & 0 & 0 \\ 0 & 1 & a & 0 \\ 0 & 0 & 1 & a \\ a & 0 & 0 & 1 \end{vmatrix}=(\quad)$.

(A) $1+a^4$　(B) $1-a^3$　(C) $1-a^4$　(D) $1+a^2$

2. 行列式 $\begin{vmatrix} 0 & a & b & 0 \\ a & 0 & 0 & b \\ 0 & c & d & 0 \\ c & 0 & 0 & d \end{vmatrix}=(\quad)$.

(A) $(ad-bc)^2$　(B) $-(ad-bc)^2$　(C) $a^2d^2-b^2c^2$　(D) $b^2c^2-a^2d^2$

3. 4 阶行列式 $\begin{vmatrix} a_1 & 0 & 0 & b_1 \\ 0 & a_2 & b_2 & 0 \\ 0 & b_3 & a_3 & 0 \\ b_4 & 0 & 0 & a_4 \end{vmatrix}$ 的值为(　　).

(A) $a_1a_2a_3a_4-b_1b_2b_3b_4$　(B) $a_1a_2a_3a_4+b_1b_2b_3b_4$

(C) $(a_1a_2-b_1b_2)(a_3a_4-b_3b_4)$　(D) $(a_2a_3-b_2b_3)(a_1a_4-b_1b_4)$

4. 方程 $\begin{vmatrix} 1 & 2 & 3 & 4 \\ 2 & x^2-5 & 6 & 8 \\ -1 & 1 & x^2-1 & 5 \\ 1 & -1 & -3 & -5 \end{vmatrix}=0$ 的根为__________.

5. 行列式 $\begin{vmatrix} a & 0 & -1 & 1 \\ 0 & a & 1 & -1 \\ -1 & 1 & a & 0 \\ 1 & -1 & 0 & a \end{vmatrix}=$__________.

6. 方程 $\begin{vmatrix} 1 & 1 & 1 & 1 \\ 1 & 2 & 3 & x \\ 1 & 4 & 9 & x^2 \\ 1 & 8 & 27 & x^3 \end{vmatrix}=0$ 的全部根为__________.

7. 已知 $D_n=\begin{vmatrix} a_1 & 1 & 0 & \cdots & 0 & 0 \\ -1 & a_2 & 1 & \cdots & 0 & 0 \\ 0 & -1 & a_3 & \cdots & 0 & 0 \\ \vdots & \vdots & \vdots & & \vdots & \vdots \\ 0 & 0 & 0 & \cdots & a_{n-1} & 1 \\ 0 & 0 & 0 & \cdots & -1 & a_n \end{vmatrix}$，若 $D_n=a_nD_{n-1}+kD_{n-2}$，则 $k=$__________.

8. n 阶行列式 $D_n=\begin{vmatrix} 2 & 0 & 0 & \cdots & 0 & 2 \\ -1 & 2 & 0 & \cdots & 0 & 2 \\ 0 & -1 & 2 & \cdots & 0 & 2 \\ \vdots & \vdots & \vdots & & \vdots & \vdots \\ 0 & 0 & 0 & \cdots & 2 & 2 \\ 0 & 0 & 0 & \cdots & -1 & 2 \end{vmatrix}=$____________.

9. 计算 n 阶行列式 $D_n=\begin{vmatrix} x_1-m & x_2 & \cdots & x_n \\ x_1 & x_2-m & \cdots & x_n \\ \cdots & \cdots & & \cdots \\ x_1 & x_2 & \cdots & x_n-m \end{vmatrix}$.

10. 设 $A=\begin{vmatrix} 1 & 2 & 3 & 4 & 5 \\ 2 & 2 & 1 & 1 & 1 \\ 4 & 3 & 2 & 1 & 0 \\ 3 & 3 & 5 & 5 & 5 \\ 7 & 8 & 9 & 10 & 11 \end{vmatrix}=a$，计算 $A_{21}+A_{22}$.

11. 计算 n 阶行列式 $D_n=\begin{vmatrix} 3 & 0 & \cdots & 0 & 3 \\ -1 & 3 & \cdots & 0 & 3 \\ \vdots & \vdots & & \vdots & \vdots \\ 0 & 0 & \cdots & 3 & 3 \\ 0 & 0 & \cdots & -1 & 3 \end{vmatrix}$.

12. 计算行列式 $D=\begin{vmatrix} 4 & 1 & 2 & 4 \\ 1 & 2 & 0 & 2 \\ 10 & 5 & 2 & 0 \\ 0 & 1 & 1 & 7 \end{vmatrix}$.

13. 计算 4 阶行列式 $D=\begin{vmatrix} 1+x & 1 & 1 & 1 \\ 1 & 1-x & 1 & 1 \\ 1 & 1 & 1+y & 1 \\ 1 & 1 & 1 & 1-y \end{vmatrix}$.

14. 计算行列式 $D=\begin{vmatrix} a_1+x_1 & a_2 & \cdots & a_n \\ a_1 & a_2+x_2 & \cdots & a_n \\ \vdots & \vdots & & \vdots \\ a_1 & a_2 & \cdots & a_n+x_n \end{vmatrix}(x_1x_2\cdots x_n\neq 0)$.

15. 计算行列式 $D=\begin{vmatrix} -2 & 5 & -1 & 3 \\ 1 & -9 & 13 & 7 \\ 3 & -1 & 5 & -5 \\ 2 & 8 & -7 & -10 \end{vmatrix}$.

16. 计算 n 阶行列式 $D_n=\begin{vmatrix} 2 & 1 & 0 & \cdots & 0 & 0 \\ 1 & 2 & 1 & \cdots & 0 & 0 \\ 0 & 1 & 2 & \cdots & 0 & 0 \\ \vdots & \vdots & \vdots & & \vdots & \vdots \\ 0 & 0 & 0 & \cdots & 2 & 1 \\ 0 & 0 & 0 & \cdots & 1 & 2 \end{vmatrix}$.

17. 计算 n 阶行列式 $D_n=\begin{vmatrix} 1 & 2 & 3 & \cdots & n \\ -1 & 0 & 3 & \cdots & n \\ -1 & -2 & 0 & \cdots & n \\ \vdots & \vdots & \vdots & & \vdots \\ -1 & -2 & -3 & \cdots & 0 \end{vmatrix}$.

18. 计算行列式 $D=\begin{vmatrix} 1-a & a & 0 & 0 & 0 \\ -1 & 1-a & a & 0 & 0 \\ 0 & -1 & 1-a & a & 0 \\ 0 & 0 & -1 & 1-a & a \\ 0 & 0 & 0 & -1 & 1-a \end{vmatrix}$.

19. 计算 $n+1$ 阶行列式 $D_{n+1}=\begin{vmatrix} a & ax & ax^2 & \cdots & ax^{n-1} & ax^n \\ -1 & a & ax & \cdots & ax^{n-2} & ax^{n-1} \\ 0 & -1 & a & \cdots & ax^{n-3} & ax^{n-2} \\ \vdots & \vdots & \vdots & & \vdots & \vdots \\ 0 & 0 & 0 & \cdots & a & ax \\ 0 & 0 & 0 & \cdots & -1 & a \end{vmatrix}$.

20. 计算行列式 $D_n=\begin{vmatrix} 1+x_1y_1 & 1+x_1y_2 & \cdots & 1+x_1y_n \\ 1+x_2y_1 & 1+x_2y_2 & \cdots & 1+x_2y_n \\ \vdots & \vdots & & \vdots \\ 1+x_ny_1 & 1+x_ny_2 & \cdots & 1+x_ny_n \end{vmatrix}$.

21. 计算行列式 $D=\begin{vmatrix} a_1^3 & a_2^3 & a_3^3 & a_4^3 \\ a_1^2b_1 & a_2^2b_2 & a_3^2b_3 & a_4^2b_4 \\ a_1b_1^2 & a_2b_2^2 & a_3b_3^2 & a_4b_4^2 \\ b_1^3 & b_2^3 & b_3^3 & b_4^3 \end{vmatrix}$ $(a_i\neq 0,i=1,2,3,4)$.

22. 解方程 $\begin{vmatrix} a_1 & a_2 & a_3 & a_4+x \\ a_1 & a_2 & a_3+x & a_4 \\ a_1 & a_2+x & a_3 & a_4 \\ a_1+x & a_2 & a_3 & a_4 \end{vmatrix}=0$.

23. 计算行列式 $D=\begin{vmatrix} 0 & a & b & a \\ a & 0 & a & b \\ b & a & 0 & a \\ a & b & a & 0 \end{vmatrix}$.

24. 已知 $A=\begin{vmatrix} 1 & -1 & 0 & 0 \\ -2 & 1 & -1 & 1 \\ 3 & -2 & 2 & -1 \\ 0 & 0 & 3 & 4 \end{vmatrix}$，$A_{ij}$为 A 中(i,j)元素的代数余子式，求 $A_{11}-A_{12}$.

25. 计算 n 阶行列式 $D_n=\begin{vmatrix} 1 & 2 & 3 & \cdots & n \\ 2 & 3 & 4 & \cdots & 1 \\ \vdots & \vdots & \vdots & & \vdots \\ n-1 & n & 1 & \cdots & n-2 \\ n & 1 & 2 & \cdots & n-1 \end{vmatrix}$.

26. 计算 n 阶行列式 $D_n=\begin{vmatrix} 1+a_1 & 1 & \cdots & 1 \\ 1 & 1+a_2 & \cdots & 1 \\ \vdots & \vdots & & \vdots \\ 1 & 1 & \cdots & 1+a_n \end{vmatrix}$，其中 $a_1,a_2,\cdots,a_n\neq 0$.

1.4 克莱姆法则

1. 解方程组$\begin{cases} x_1+2x_2+3x_3+4x_4=1, \\ 3x_1-x_2-x_3=1, \\ x_1+x_3+2x_4=-1, \\ x_1+2x_2-5x_4=10. \end{cases}$

2. 已知线性方程组$\begin{cases} (3-\lambda)x_1+x_2+x_3=0, \\ (2-\lambda)x_2-x_3=0, \\ 4x_1-2x_2+(1-\lambda)x_3=0 \end{cases}$ 有非零解，求 λ 的值.

3. 线性方程组$\begin{cases}x_1+x_2+x_3+x_4=1,\\a_1x_1+a_2x_2+a_3x_3+a_4x_4=b,\\a_1^2x_1+a_2^2x_2+a_3^2x_3+a_4^2x_4=b^2,\\a_1^3x_1+a_2^3x_2+a_3^3x_3+a_4^3x_4=b^3\end{cases}$有唯一解的条件是什么？在此条件下，求其唯一解.

4. 设$f(x)=C_0+C_1x+C_2x^2+\cdots+C_nx^n$，证明：若$f(x)$有$n+1$个不同的根，则$f(x)$是零多项式.

5. 求经过$A(1,1,2)$，$B(3,-2,0)$和$C(0,5,-5)$三点的平面方程.

第 1 章测验题

一、选择题.

1. 行列式 $\begin{vmatrix} 1 & 1 & 1 & 1 \\ 1 & 2 & 3 & 5 \\ 1 & 4 & 9 & 25 \\ 1 & 8 & 27 & 125 \end{vmatrix}$ =（　　）.

（A）24　　（B）48　　（C）−24　　（D）−48

2. 设 $\begin{vmatrix} a_{11} & a_{12} & a_{13} \\ a_{21} & a_{22} & a_{23} \\ a_{31} & a_{32} & a_{33} \end{vmatrix}=1$，则 $\begin{vmatrix} 2a_{11}+3a_{12} & 2a_{11} & a_{13} \\ 2a_{21}+3a_{22} & 2a_{21} & a_{23} \\ 2a_{31}+3a_{32} & 2a_{31} & a_{33} \end{vmatrix}$ =（　　）.

（A）1　　（B）−6　　（C）6　　（D）8

3. 行列式 $\begin{vmatrix} 0 & a_{12} & 0 & 0 \\ 0 & 0 & 0 & a_{24} \\ a_{31} & 0 & 0 & 0 \\ 0 & 0 & a_{43} & 0 \end{vmatrix}$ =（　　）.

（A）$a_{12}a_{24}a_{31}a_{43}$　　（B）0

（C）1　　（D）$-a_{12}a_{24}a_{31}a_{43}$

4. 已知 $D=\begin{vmatrix} 2020 & 6 & 11 \\ 0 & 1 & 1 \\ 12 & -12 & 24 \end{vmatrix}$，则 $12A_{11}-12A_{12}+24A_{13}$ =（　　）.

（A）1　　（B）−1　　（C）0　　（D）2

5. 设 $x_1,x_2,x_3(x_1<x_2<x_3)$ 为方程 $x^3-7x+6=0$ 的 3 个根，则 $\begin{vmatrix} x_1 & x_2 & x_3 \\ x_2 & x_3 & x_1 \\ x_3 & x_1 & x_2 \end{vmatrix}$ =（　　）.

（A）2　　（B）−6　　（C）7　　（D）0

二、填空题.

1. 在 5 阶行列式中，项 $a_{21}a_{13}a_{54}a_{42}a_{35}$ 前应取________号.

2. 排列 $n(n-1)\cdots21$ 的逆序数为________.

3. 设 $\begin{vmatrix} a_{11} & a_{12} & a_{13} \\ a_{21} & a_{22} & a_{23} \\ a_{31} & a_{32} & a_{33} \end{vmatrix}=1$，则 $\begin{vmatrix} 2a_{11}-3a_{12} & 5a_{11} & a_{13}-a_{11} \\ 2a_{21}-3a_{22} & 5a_{21} & a_{23}-a_{21} \\ 2a_{31}-3a_{32} & 5a_{31} & a_{33}-a_{31} \end{vmatrix}$ =________.

4. 行列式 $\begin{vmatrix} a & b & c \\ b & c & a \\ c & a & b \end{vmatrix}=$____________.

5. 若 $\begin{vmatrix} 30 & a & -9 \\ 12 & 1 & 8 \\ -11 & 24 & 3 \end{vmatrix}$ 的元素 a_{31} 的代数余子式 $A_{31}=17$，则常数 $a=$____________.

三、解答题.

1. 已知行列式 $D=\begin{vmatrix} 3 & 0 & 4 & 0 \\ 1 & 1 & 1 & 1 \\ 0 & -5 & 0 & 0 \\ 4 & 2 & -2 & 2 \end{vmatrix}$，求 D 的第 4 行各元素的余子式之和 $M_{41}+M_{42}+M_{43}+M_{44}$.

2. 计算 4 阶行列式 $D=\begin{vmatrix} 1 & -1 & 1 & x-1 \\ 1 & -1 & x+1 & -1 \\ 1 & x-1 & 1 & -1 \\ 1+x & -1 & 1 & -1 \end{vmatrix}$.

3. 计算行列式 $D=\begin{vmatrix} 1 & 3 & 1 & 1 \\ 3 & 1 & 1 & 1 \\ 1 & 1 & 1 & 3 \\ 1 & 1 & 3 & 1 \end{vmatrix}$.

4. λ,μ 取何值时，齐次线性方程组$\begin{cases}\lambda x_1+x_2+x_3=0,\\ x_1+\mu x_2+x_3=0,\\ x_1+2\mu x_2+x_3=0\end{cases}$有非零解？

5. 解方程组$\begin{cases}x_1+a_1x_2+a_1^2x_3^2=1,\\ x_1+a_2x_2+a_2^2x_3^2=1,\\ x_1+a_3x_2+a_3^2x_3^2=1,\end{cases}$其中 $a_i\neq a_j(i\neq j,\ i,j=1,2,3)$.

第 2 章

矩阵

重点：矩阵加法、减法、乘法运算及运算性质，矩阵可逆的判断，逆矩阵的求法，矩阵秩的概念，矩阵的初等变换，以及用矩阵的初等变换求矩阵的秩和逆矩阵的方法，分块矩阵的概念及其运算.

难点：矩阵可逆的充要条件的证明、逆矩阵的求法、初等矩阵及其性质、分块矩阵及其运算.

知识结构

本章重点内容介绍

2.1 矩阵的基本概念

1. 以下对矩阵的描述正确的是(　　).

(A) 方阵的行数与列数可能相等

(B) 三角矩阵都是方阵

(C) 对称矩阵与反对称矩阵不一定都是方阵

(D) 任何矩阵都是方阵

2. 下述哪个矩阵是反对称矩阵(　　).

(A) $\begin{pmatrix} 1 & -1 & 1 \\ -1 & 0 & -1 \\ 1 & -1 & 1 \end{pmatrix}$　　(B) $\begin{pmatrix} 1 & -1 & 1 \\ -1 & 1 & -1 \\ 1 & -1 & 1 \end{pmatrix}$

(C) $\begin{pmatrix} 0 & -1 & 1 \\ 1 & 0 & -1 \\ -1 & 1 & 0 \end{pmatrix}$　　(D) $\begin{pmatrix} 0 & -1 & 1 \\ -1 & 0 & -1 \\ 1 & -1 & 0 \end{pmatrix}$

3. 证明：任意 n 阶方阵都可以表示成一个对称矩阵与一个反对称矩阵的和.

4. 已知 3 阶矩阵 $\boldsymbol{A}$ 是反对称矩阵，如果将 $\boldsymbol{A}$ 的主对角线以上的每个元素都减去 2，所得矩阵为对称矩阵，求矩阵 $\boldsymbol{A}$.

2.2 矩阵的运算

1. 设 $\boldsymbol{A},\boldsymbol{B}$ 为 n 阶方阵，下列运算正确的是(　　).

(A) $(\boldsymbol{AB})^k=\boldsymbol{A}^k\boldsymbol{B}^k$　　(B) $|-\boldsymbol{A}|=-|\boldsymbol{A}|$

(C) $|\boldsymbol{AB}|=|\boldsymbol{B}||\boldsymbol{A}|$　　(D) $|\boldsymbol{A}+\boldsymbol{B}|=|\boldsymbol{A}|+|\boldsymbol{B}|$

2. 已知 $\boldsymbol{A},\boldsymbol{B}$ 均为 n 阶方阵，则必有(　　).

(A) $(\boldsymbol{A}+\boldsymbol{B})^2=\boldsymbol{A}^2+2\boldsymbol{AB}+\boldsymbol{B}^2$

(B) $(\boldsymbol{AB})^{\mathrm{T}}=\boldsymbol{A}^{\mathrm{T}}\boldsymbol{B}^{\mathrm{T}}$

(C) $\boldsymbol{AB}=\boldsymbol{O}_{n\times n}$时，$\boldsymbol{A},\boldsymbol{B}$ 中至少有一个为零矩阵

(D) 以上选项都不对

3. 设 $\boldsymbol{A}=(a_{ij})_{s\times n}$，$\boldsymbol{B}=(b_{ij})_{m\times s}$，则(　　).

(A) $\boldsymbol{BA}$ 是 $n\times m$ 矩阵　　(B) $\boldsymbol{BA}$ 是 $m\times n$ 矩阵

(C) $\boldsymbol{BA}$ 是 $s\times s$ 矩阵　　(D) $\boldsymbol{BA}$ 未必有意义

4. 设矩阵 $\boldsymbol{A}=\begin{pmatrix}3&-1&2\\1&0&-1\\-2&1&4\end{pmatrix}$，$\boldsymbol{A}^*$ 是 $\boldsymbol{A}$ 的伴随矩阵，则 $\boldsymbol{A}^*$ 中(2,1)元是(　　).

(A) −6　　(B) 6　　(C) 2　　(D) −2

5. 设 $\boldsymbol{A},\boldsymbol{B}$ 为 n 阶方阵，且满足 $\boldsymbol{AB}=\boldsymbol{O}$，则必有(　　).

(A) $|\boldsymbol{A}|+|\boldsymbol{B}|=0$　　(B) $\boldsymbol{A}+\boldsymbol{B}=\boldsymbol{O}$

(C) $|\boldsymbol{A}|=0$ 或 $|\boldsymbol{B}|=0$　　(D) $\boldsymbol{A}=\boldsymbol{O}$ 或 $\boldsymbol{B}=\boldsymbol{O}$

6. 设 $\boldsymbol{\alpha}$ 为 3 维列向量，$\boldsymbol{\alpha}^{\mathrm{T}}$ 是 $\boldsymbol{\alpha}$ 的转置. 若 $\boldsymbol{\alpha\alpha}^{\mathrm{T}}=\begin{pmatrix}1&-1&1\\-1&1&-1\\1&-1&1\end{pmatrix}$，则 $\boldsymbol{\alpha}^{\mathrm{T}}\boldsymbol{\alpha}=$__________.

7. 设 10 阶矩阵 $\boldsymbol{A}=\begin{pmatrix}0&1&0&\cdots&0&0\\0&0&1&\cdots&0&0\\\vdots&\vdots&\vdots&&\vdots&\vdots\\0&0&0&\cdots&0&1\\10^{10}&0&0&\cdots&0&0\end{pmatrix}$，计算行列式 $|\boldsymbol{A}-\lambda\boldsymbol{E}|$，其中 $\boldsymbol{E}$ 为 10 阶单位矩阵，λ 为常数.

8. 设 $\boldsymbol{A}$ 为对称矩阵，若 $\boldsymbol{A}^2=\boldsymbol{O}$，证明：$\boldsymbol{A}=\boldsymbol{O}$.

9. 求所有与 $\boldsymbol{A}=\begin{pmatrix}1 & 1\\0 & 1\end{pmatrix}$乘法可交换的矩阵.

10. 证明：与任意 n 阶方阵乘法可交换的方阵 $\boldsymbol{A}$ 一定是数量矩阵.

11. 证明：设 $\boldsymbol{A}$ 为 n 阶反对称矩阵，若 n 为奇数，则 $\boldsymbol{A}^*$ 为对称矩阵，若 n 为偶数，则 $\boldsymbol{A}^*$ 为反对称矩阵.

12. 证明：奇数阶反对称矩阵的行列式为零.

13. 设 $\boldsymbol{A},\boldsymbol{B}$ 都是 3 阶方阵，且满足 $\boldsymbol{A}^2\boldsymbol{B}-\boldsymbol{A}-\boldsymbol{B}=\boldsymbol{E}$. 若 $\boldsymbol{A}=\begin{pmatrix}1&0&1\\0&2&0\\-2&0&1\end{pmatrix}$，求 $|\boldsymbol{B}|$.

2.3 初等变换与初等矩阵

1. 设矩阵 $\boldsymbol{A}=\begin{pmatrix}a_{11}&a_{12}&a_{13}\\a_{21}&a_{22}&a_{23}\\a_{31}&a_{32}&a_{33}\end{pmatrix}$，$\boldsymbol{B}=\begin{pmatrix}a_{21}&a_{22}&a_{23}\\a_{11}&a_{12}&a_{13}\\a_{31}+a_{11}&a_{32}+a_{12}&a_{33}+a_{13}\end{pmatrix}$，矩阵 $\boldsymbol{P}_1=\begin{pmatrix}0&1&0\\1&0&0\\0&0&1\end{pmatrix}$，$\boldsymbol{P}_2=\begin{pmatrix}1&0&0\\0&1&0\\1&0&1\end{pmatrix}$，则必有(　　).

(A) $\boldsymbol{AP}_1\boldsymbol{P}_2=\boldsymbol{B}$　　(B) $\boldsymbol{AP}_2\boldsymbol{P}_1=\boldsymbol{B}$　　(C) $\boldsymbol{P}_1\boldsymbol{P}_2\boldsymbol{A}=\boldsymbol{B}$　　(D) $\boldsymbol{P}_2\boldsymbol{P}_1\boldsymbol{A}=\boldsymbol{B}$

2. n 阶矩阵 $\boldsymbol{A}$ 的行列式不为零，$\boldsymbol{A}$ 经过若干次初等变换变为 $\boldsymbol{B}$，则其行列式满足(　　).

(A) $|\boldsymbol{A}|=|\boldsymbol{B}|$　　(B) $|\boldsymbol{B}|\neq 0$

(C) $|\boldsymbol{A}|$ 与 $|\boldsymbol{B}|$ 有相同的正负号　　(D) $|\boldsymbol{B}|$ 可以变为任何值

3. 设 $\boldsymbol{A}$ 为 3 阶矩阵，将 $\boldsymbol{A}$ 的第 2 列加到第 1 列得 $\boldsymbol{B}$，再交换 $\boldsymbol{B}$ 的第 2 行与第 3 行得单位矩阵，记 $\boldsymbol{P}_1=\begin{pmatrix}1&0&0\\1&1&0\\0&0&1\end{pmatrix}$，$\boldsymbol{P}_2=\begin{pmatrix}1&0&0\\0&0&1\\0&1&0\end{pmatrix}$，则 $\boldsymbol{A}=$(　　).

(A) $\boldsymbol{P}_1\boldsymbol{P}_2$　　(B) $\boldsymbol{P}_1^{-1}\boldsymbol{P}_2$　　(C) $\boldsymbol{P}_2\boldsymbol{P}_1$　　(D) $\boldsymbol{P}_2\boldsymbol{P}_1^{-1}$

4. 设 n 阶矩阵 $\boldsymbol{A}$ 与 $\boldsymbol{B}$ 等价，则必有(　　).

(A) 当 $|\boldsymbol{A}|=a(\neq 0)$ 时，$|\boldsymbol{B}|=a$　　(B) 当 $|\boldsymbol{A}|=a(\neq 0)$ 时，$|\boldsymbol{B}|=-a$

(C) 当 $|\boldsymbol{A}|\neq 0$ 时，$|\boldsymbol{B}|=0$　　(D) 当 $|\boldsymbol{A}|=0$ 时，$|\boldsymbol{B}|=0$

5. 设 $\boldsymbol{A}=\begin{pmatrix}3&-1&2\\1&0&-1\\-2&1&4\end{pmatrix}$，$\boldsymbol{P}=\begin{pmatrix}0&0&1\\0&1&0\\1&0&0\end{pmatrix}$，$\boldsymbol{Q}=\begin{pmatrix}1&0&0\\0&0&1\\0&1&0\end{pmatrix}$，求 $\boldsymbol{P}^{2000}\boldsymbol{AQ}^{2001}$.

6. 用初等行变换把矩阵 $A=\begin{pmatrix}0 & 1 & 7 & 8\\ 1 & 3 & 3 & 8\\ -2 & -5 & 1 & -8\end{pmatrix}$ 化成阶梯形矩阵 M，并求初等矩阵 P_1, P_2，P_3，使 A 可以写成 $A=P_1P_2P_3M$.

2.4 逆矩阵

1. 已知 $\boldsymbol{A},\boldsymbol{B}$ 均为 n 阶方阵，且 $\boldsymbol{AB}=\boldsymbol{BC}=\boldsymbol{CA}=\boldsymbol{E}$，则 $\boldsymbol{A}^2+\boldsymbol{B}^2+\boldsymbol{C}^2=($　　$)$.

(A) $3\boldsymbol{E}$　(B) $2\boldsymbol{E}$　(C) $\boldsymbol{E}$　(D) 以上选项都不对

2. 设 n 阶方阵 $\boldsymbol{A},\boldsymbol{B},\boldsymbol{C}$ 满足 $\boldsymbol{ABC}=\boldsymbol{E}$，其中 $\boldsymbol{E}$ 是 n 阶单位矩阵，则必有(　　).

(A) $\boldsymbol{ACB}=\boldsymbol{E}$　(B) $\boldsymbol{CBA}=\boldsymbol{E}$　(C) $\boldsymbol{BCA}=\boldsymbol{E}$　(D) $\boldsymbol{BAC}=\boldsymbol{E}$

3. 设 $\boldsymbol{A}$ 是 n 阶非零矩阵，$\boldsymbol{E}$ 为 n 阶单位矩阵. 若 $\boldsymbol{A}^3=\boldsymbol{O}$，则(　　).

(A) $\boldsymbol{E}-\boldsymbol{A}$ 不可逆，$\boldsymbol{E}+\boldsymbol{A}$ 不可逆　(B) $\boldsymbol{E}-\boldsymbol{A}$ 不可逆，$\boldsymbol{E}+\boldsymbol{A}$ 可逆

(C) $\boldsymbol{E}-\boldsymbol{A}$ 可逆，$\boldsymbol{E}+\boldsymbol{A}$ 可逆　(D) $\boldsymbol{E}-\boldsymbol{A}$ 可逆，$\boldsymbol{E}+\boldsymbol{A}$ 不可逆

4. 设 $\boldsymbol{A},\boldsymbol{B},\boldsymbol{A}+\boldsymbol{B}$ 以及 $\boldsymbol{A}^{-1}+\boldsymbol{B}^{-1}$ 均为 n 阶可逆矩阵，则 $(\boldsymbol{A}^{-1}+\boldsymbol{B}^{-1})^{-1}=($　　$)$.

(A) $\boldsymbol{A}^{-1}+\boldsymbol{B}^{-1}$　(B) $\boldsymbol{A}+\boldsymbol{B}$　(C) $\boldsymbol{A}(\boldsymbol{A}+\boldsymbol{B})^{-1}\boldsymbol{B}$　(D) $(\boldsymbol{A}+\boldsymbol{B})^{-1}$

5. 设 $\boldsymbol{A}$ 是方阵，如有矩阵关系式 $\boldsymbol{AB}=\boldsymbol{AC}$ 成立，则必有(　　).

(A) $\boldsymbol{A}=\boldsymbol{O}$　(B) $\boldsymbol{B}\neq\boldsymbol{C}$ 时 $\boldsymbol{A}=\boldsymbol{O}$　(C) $\boldsymbol{A}\neq\boldsymbol{O}$ 时 $\boldsymbol{B}=\boldsymbol{C}$　(D) $|\boldsymbol{A}|\neq 0$ 时 $\boldsymbol{B}=\boldsymbol{C}$

6. 设 $\boldsymbol{A},\boldsymbol{B}$ 是同阶可逆矩阵，则(　　).

(A) $\boldsymbol{AB}=\boldsymbol{BA}$　(B) 存在可逆矩阵 $\boldsymbol{P}$，使 $\boldsymbol{P}^{-1}\boldsymbol{AP}=\boldsymbol{B}$

(C) 存在可逆矩阵 $\boldsymbol{C}$，使 $\boldsymbol{C}^{\mathrm{T}}\boldsymbol{AC}=\boldsymbol{B}$　(D) 存在可逆矩阵 $\boldsymbol{P}$ 和 $\boldsymbol{Q}$，使 $\boldsymbol{PAQ}=\boldsymbol{B}$

7. 设 n 阶实方阵 $\boldsymbol{A}$ 可逆，已知它的行列式 $|\boldsymbol{A}|=a$，$\boldsymbol{A}^*$ 是 $\boldsymbol{A}$ 的伴随矩阵，则 $|\boldsymbol{A}^*|=($　　$)$.

(A) a　(B) a^{-1}　(C) a^{n-1}　(D) a^n

8. 设 $\boldsymbol{A},\boldsymbol{B}$ 均为 n 阶对称矩阵且 $\boldsymbol{B}$ 可逆，则下列矩阵中为对称矩阵的是(　　).

(A) $\boldsymbol{AB}^{-1}-\boldsymbol{B}^{-1}\boldsymbol{A}$　(B) $\boldsymbol{AB}^{-1}+\boldsymbol{B}^{-1}\boldsymbol{A}$　(C) $\boldsymbol{B}^{-1}\boldsymbol{AB}$　(D) $(\boldsymbol{AB})^2$

9. 设 $\boldsymbol{A}$ 为 4 阶方阵，且 $\boldsymbol{A}$ 的行列式 $|\boldsymbol{A}|=\dfrac{1}{3}$，则 $|2\boldsymbol{A}^{-1}|=$____________.

10. 设 $\boldsymbol{A}$ 为可逆矩阵，则 $[(\boldsymbol{A}^{-1})^{\mathrm{T}}]^{-1}=$____________.

11. 已知 $n(n\geqslant 3)$ 阶可逆方阵 $\boldsymbol{A}$ 的伴随矩阵 $\boldsymbol{A}^*$，且已知常数 $k\neq 0$，则 $(k\boldsymbol{A})^*=$__________.

12. 设 $\boldsymbol{A}=\begin{pmatrix}1&3\\2&4\end{pmatrix}$，则 $(\boldsymbol{A}^*)^{-1}=$____________.

13. 设 $\boldsymbol{A}$ 为 n 阶矩阵，且 $(\boldsymbol{A}+\boldsymbol{E}_n)^2=\boldsymbol{O}$，则 $\boldsymbol{A}^{-1}=$____________.

14. 设矩阵 $\boldsymbol{A}$ 是 $\boldsymbol{B}=\begin{pmatrix}1&1&1\\2&1&0\\2&1&-1\end{pmatrix}$ 的逆矩阵，求 $(\boldsymbol{A}+2\boldsymbol{E})^{-1}(\boldsymbol{A}^2-4\boldsymbol{E})$，其中 $\boldsymbol{E}$ 为 3 阶单位矩阵.

15. 设矩阵 $\boldsymbol{A}=\begin{pmatrix}1&0&0&0\\2&3&0&0\\0&4&5&0\\0&0&6&7\end{pmatrix}$，$\boldsymbol{E}$ 为 4 阶单位矩阵，$\boldsymbol{B}=(\boldsymbol{E}+\boldsymbol{A})^{-1}(\boldsymbol{E}-\boldsymbol{A})$，求 $(\boldsymbol{E}+\boldsymbol{B})^{-1}$.

16. 设矩阵 $\boldsymbol{A}=\begin{pmatrix}1&6&12&36\\0&1&24&48\\0&0&2&54\\0&0&0&3\end{pmatrix}$，求 $\boldsymbol{A}$ 的伴随矩阵的逆矩阵 $(\boldsymbol{A}^*)^{-1}$.

17. 设 $\boldsymbol{A},\boldsymbol{B}$ 均为 3 阶矩阵，满足 $\boldsymbol{AB}+\boldsymbol{E}=\boldsymbol{A}^2+\boldsymbol{B}$，已知 $\boldsymbol{A}=\begin{pmatrix}1&0&1\\0&0&0\\2&0&1\end{pmatrix}$，求矩阵 $\boldsymbol{B}$.

18. 设 $\boldsymbol{A}=\begin{pmatrix}0&1&2\\1&1&4\\2&-1&0\end{pmatrix}$，求 $\boldsymbol{A}^{-1}$.

19. 已知 $\boldsymbol{A},\boldsymbol{B}$ 均为 n 阶方阵，且 $\boldsymbol{AB}=\boldsymbol{A}+\boldsymbol{B}$.

(1)证明：$\boldsymbol{A}-\boldsymbol{E}$ 可逆，其中 $\boldsymbol{E}$ 为 n 阶单位矩阵；

(2)证明：$\boldsymbol{AB}=\boldsymbol{BA}$.

20. 设 $\boldsymbol{A}=\begin{pmatrix}0 & -1 & 0\\ 1 & 0 & 0\\ 0 & 0 & -1\end{pmatrix}$，$\boldsymbol{B}=\boldsymbol{P}^{-1}\boldsymbol{AP}$，其中 $\boldsymbol{P}$ 为 3 阶可逆矩阵，计算 $\boldsymbol{B}^{2020}+3\boldsymbol{A}^2$.

21. 设$\begin{pmatrix}1 & 1 & -1\\0 & 2 & 2\\1 & -1 & 0\end{pmatrix}\boldsymbol{X}=\begin{pmatrix}1 & -1 & 1\\1 & 1 & 0\\2 & 1 & 1\end{pmatrix}$，求矩阵 $\boldsymbol{X}$.

22. 设$\boldsymbol{A}=\begin{pmatrix}1 & 2 & 0\\3 & 4 & 0\\-1 & 2 & 1\end{pmatrix}$，$\boldsymbol{B}=\begin{pmatrix}2 & 3 & -1\\-2 & 4 & 0\end{pmatrix}$，求：(1)$\boldsymbol{AB}^{\mathrm{T}}$；(2) $|2\boldsymbol{A}|$；(3)$\boldsymbol{A}^{-1}$.

23. 设 $\boldsymbol{A}=\begin{pmatrix}3&0&0\\1&4&1\\2&0&3\end{pmatrix}$，已知 $\boldsymbol{AB}=\boldsymbol{A}+2\boldsymbol{B}$，求 $\boldsymbol{B}$.

24. 已知矩阵 $\boldsymbol{A}=\begin{pmatrix}1&2&3\\2&1&2\\1&3&3\end{pmatrix}$，且 $\boldsymbol{A}^2-\boldsymbol{AB}=\boldsymbol{E}$，求矩阵 $\boldsymbol{B}$.

25. 设 $\boldsymbol{A}=\begin{pmatrix}2 & 1\\ -1 & 2\end{pmatrix}$，矩阵 $\boldsymbol{B}$ 满足 $\boldsymbol{BA}=\boldsymbol{B}+2\boldsymbol{E}$，求 $|\boldsymbol{B}|$.

26. 设 $\boldsymbol{A}=\begin{pmatrix}1 & a_1\\ 1 & a_2\\ \vdots & \vdots\\ 1 & a_n\end{pmatrix}, \boldsymbol{B}=\begin{pmatrix}1 & 1 & \cdots & 1\\ b_1 & b_2 & \cdots & b_n\end{pmatrix}$.

(1)计算 $\boldsymbol{AB}$ 和 $\boldsymbol{BA}$；

(2)证明：当 $n>2$ 时，$\boldsymbol{AB}$ 不可逆.

27. 设 $\boldsymbol{A},\boldsymbol{B}$ 均为 n 阶方阵，$\boldsymbol{B}$ 是可逆矩阵，且满足 $\boldsymbol{A}^2+\boldsymbol{AB}+\boldsymbol{B}^2=0$，证明：$\boldsymbol{A}$ 和 $\boldsymbol{A}+\boldsymbol{B}$ 均可逆，并求它们的逆矩阵.

28. 设 n 阶方阵 $\boldsymbol{A}$ 可逆，将 $\boldsymbol{A}$ 的第 i 行与第 j 列交换后得到矩阵 $\boldsymbol{B}$.

(1) 证明 $\boldsymbol{B}$ 可逆；

(2) 求 $\boldsymbol{AB}^{-1}$.

29. 求矩阵 $\boldsymbol{A}=\begin{pmatrix}1 & 2 & -1\\ 3 & 1 & 0\\ -1 & 0 & -2\end{pmatrix}$的逆矩阵.

30. 求矩阵 $\boldsymbol{A}=\begin{pmatrix}1 & 1 & \cdots & 1\\ 0 & 1 & \cdots & 1\\ \vdots & \vdots & & \vdots\\ 0 & 0 & \cdots & 1\end{pmatrix}$的逆矩阵.

31. 解矩阵方程$\begin{pmatrix} 3 & 5 \\ 1 & 2 \end{pmatrix}\boldsymbol{X}=\begin{pmatrix} 4 & -1 & 2 \\ 3 & 0 & -1 \end{pmatrix}$.

32. 设 n 阶方阵 $\boldsymbol{A}$ 和 $\boldsymbol{B}$ 满足条件 $\boldsymbol{A}+\boldsymbol{B}=\boldsymbol{AB}$,

(1)证明：$\boldsymbol{A}-\boldsymbol{E}$ 为可逆矩阵；

(2)已知 $\boldsymbol{B}=\begin{pmatrix} 1 & -3 & 0 \\ 2 & 1 & 0 \\ 0 & 0 & 2 \end{pmatrix}$，求矩阵 $\boldsymbol{A}$.

33. 已知 $\boldsymbol{AP}=\boldsymbol{PB}$，其中 $\boldsymbol{B}=\begin{pmatrix}1&0&0\\0&0&1\\0&1&0\end{pmatrix}$，$\boldsymbol{P}=\begin{pmatrix}1&0&0\\2&-1&0\\2&1&1\end{pmatrix}$，求 $\boldsymbol{A}$ 及 $\boldsymbol{A}^n$，其中 n 是正整数.

34. 设 $\boldsymbol{ABA}=\boldsymbol{C}$，其中 $\boldsymbol{A}=\begin{pmatrix}1&0&0\\1&1&3\\0&1&-1\end{pmatrix}$，$\boldsymbol{C}=\begin{pmatrix}1&0&1\\0&1&0\\0&0&1\end{pmatrix}$，求 $\boldsymbol{B}$ 的伴随矩阵 $\boldsymbol{B}^*$.

35. 设矩阵 $\boldsymbol{A}=\begin{pmatrix}1&2&0&0\\1&3&0&0\\0&0&0&2\\0&0&-1&0\end{pmatrix}$，矩阵 $\boldsymbol{B}$ 满足 $\left[\left(\frac{1}{2}\boldsymbol{A}\right)^*\right]^{-1}\boldsymbol{BA}^{-1}=2\boldsymbol{AB}+12\boldsymbol{E}$，求矩阵 $\boldsymbol{B}$.

36. 若$\boldsymbol{A}=\begin{pmatrix}1&0&0\\6&2&0\\-2&4&3\end{pmatrix}$，求$\boldsymbol{A}^*$的逆矩阵.

37. 已知n阶方阵$\boldsymbol{A}$满足$\boldsymbol{A}\boldsymbol{A}^{\mathrm{T}}=\boldsymbol{E}$，且$|\boldsymbol{A}|<0$，证明：$\boldsymbol{A}+\boldsymbol{E}$不可逆.

38. 设方程组$\begin{cases}a_{11}x_1+a_{12}x_2+a_{13}x_3=1,\\a_{21}x_1+a_{22}x_2+a_{23}x_3=1,\\a_{31}x_1+a_{32}x_2+a_{33}x_3=1\end{cases}$有三个解$\boldsymbol{\alpha}_1=(1,0,0)^{\mathrm{T}},\boldsymbol{\alpha}_2=(-1,2,0)^{\mathrm{T}},\boldsymbol{\alpha}_3=(-1,1,1)^{\mathrm{T}}$.
记$\boldsymbol{A}$为方程组的系数矩阵，求$\boldsymbol{A}$.

2.5　矩阵的秩

1. 设$\boldsymbol{A}$与$\boldsymbol{B}$均为n阶非零方阵，且满足$\boldsymbol{AB}=\boldsymbol{O}$，则$\boldsymbol{A},\boldsymbol{B}$的秩(　　).

(A) 必有一个为零　　(B) 一个小于n，一个等于n

(C) 都等于n　　(D) 都小于n

2. 从矩阵$\boldsymbol{A}$中划去一行得到矩阵$\boldsymbol{B}$，则关于$\boldsymbol{A},\boldsymbol{B}$的秩下列说法正确的是(　　).

(A) $r(\boldsymbol{A})=r(\boldsymbol{B})$　　(B) $r(\boldsymbol{A})>r(\boldsymbol{B})$

(C) $r(\boldsymbol{A})\geqslant r(\boldsymbol{B})$　　(D) 以上选项都不对

3. 设$\boldsymbol{A}$为$m\times n$矩阵，$\boldsymbol{B}$为$n\times m$方阵，则(　　).

(A) 当$m>n$时，必有$|\boldsymbol{AB}|\neq 0$　　(B) 当$m>n$时，必有$|\boldsymbol{AB}|=0$

(C) 当$n>m$时，必有$|\boldsymbol{AB}|\neq 0$　　(D) 当$n>m$时，必有$|\boldsymbol{AB}|=0$

4. 设$\boldsymbol{A}$是$m\times n$矩阵，$\boldsymbol{B}$是$n\times m$矩阵，且$\boldsymbol{AB}=\boldsymbol{E}$，其中$\boldsymbol{E}$为$m$阶单位矩阵，则(　　).

(A) $r(\boldsymbol{A})=r(\boldsymbol{B})=m$　　(B) $r(\boldsymbol{A})=m$，$r(\boldsymbol{B})=n$

(C) $r(\boldsymbol{A})=n$，$r(\boldsymbol{B})=m$　　(D) $r(\boldsymbol{A})=r(\boldsymbol{B})=n$

5. 设$\boldsymbol{A}$是4×3矩阵，且$r(\boldsymbol{A})=2$，而$\boldsymbol{B}=\begin{pmatrix}1 & 0 & 2\\ 0 & 2 & 0\\ 2 & 0 & 3\end{pmatrix}$，则$r(\boldsymbol{AB})=$________.

6. 设$\boldsymbol{A}$为n阶矩阵$(n\geqslant 2)$，$\boldsymbol{A}^*$为$\boldsymbol{A}$的伴随矩阵，则当$r(\boldsymbol{A})=n-1$时，$r(\boldsymbol{A}^*)=$________.

7. 证明：$r(\boldsymbol{A}^*)=\begin{cases}n, & r(\boldsymbol{A})=n,\\ 1, & r(\boldsymbol{A})=n-1,\\ 0, & r(\boldsymbol{A})<n-1.\end{cases}$

8. 设 $\boldsymbol{A}$ 为 n 阶方阵，且 $\boldsymbol{A}^2=\boldsymbol{A}$，证明：$r(\boldsymbol{A})+r(\boldsymbol{A}-\boldsymbol{E})=n$.

9. 求 $\boldsymbol{A}=\begin{pmatrix}1&0&1&0&0\\1&1&0&0&0\\0&1&1&0&0\\0&0&1&1&0\\0&1&0&1&1\end{pmatrix}$ 的秩.

10. 设矩阵 $\boldsymbol{A}=\begin{pmatrix}1 & 2 & 0 & 0 & 1\\0 & 6 & 2 & 4 & 10\\1 & 11 & 3 & 6 & 16\\1 & -19 & -7 & -14 & -34\end{pmatrix}$，求 $r(\boldsymbol{A})$.

11. 设 $\boldsymbol{A},\boldsymbol{B}$ 是 $m\times n$ 矩阵，则 $\boldsymbol{A},\boldsymbol{B}$ 等价的充要条件是 $r(\boldsymbol{A})=r(\boldsymbol{B})$.

12. 讨论 $\boldsymbol{A}=\begin{pmatrix}1&1&1&1\\0&1&-1&b\\2&3&a&4\\3&5&1&7\end{pmatrix}$的秩，其中 a,b 为参数.

13. 设 n 阶方阵 $\boldsymbol{A}$，$\boldsymbol{B}$ 满足 $\boldsymbol{A}^2=\boldsymbol{A}$，$\boldsymbol{B}^2=\boldsymbol{B}$，且 $\boldsymbol{E}-\boldsymbol{A}-\boldsymbol{B}$ 可逆，证明：$r(\boldsymbol{A})=r(\boldsymbol{B})$.

2.6 分块矩阵

1. 设$\boldsymbol{A}$为3阶矩阵，$\boldsymbol{P}=(\boldsymbol{\alpha}_1,\boldsymbol{\alpha}_2,\boldsymbol{\alpha}_3)$为可逆矩阵，满足$\boldsymbol{P}^{-1}\boldsymbol{A}\boldsymbol{P}=\begin{pmatrix} a & & \\ & b & \\ & & c \end{pmatrix}$，则$\boldsymbol{A}(\boldsymbol{\alpha}_1+\boldsymbol{\alpha}_2+\boldsymbol{\alpha}_3)=$（　　）.

（A）$a\boldsymbol{\alpha}_1+b\boldsymbol{\alpha}_2$　（B）$a\boldsymbol{\alpha}_1+b\boldsymbol{\alpha}_2+c\boldsymbol{\alpha}_3$　（C）$c\boldsymbol{\alpha}_1+b\boldsymbol{\alpha}_2+a\boldsymbol{\alpha}_3$　（D）$b\boldsymbol{\alpha}_1+a\boldsymbol{\alpha}_2+c\boldsymbol{\alpha}_3$

2. 设$\boldsymbol{\alpha},\boldsymbol{\beta},\boldsymbol{\gamma}_1,\boldsymbol{\gamma}_2,\boldsymbol{\gamma}_3$都是4维列向量，且$|\boldsymbol{A}|=|\boldsymbol{\alpha},\boldsymbol{\gamma}_1,\boldsymbol{\gamma}_2,\boldsymbol{\gamma}_3|=4$，$|\boldsymbol{B}|=|\boldsymbol{\beta},2\boldsymbol{\gamma}_1,3\boldsymbol{\gamma}_2,\boldsymbol{\gamma}_3|=21$，则$|\boldsymbol{A}+\boldsymbol{B}|=$____________.

3. 设4阶矩阵$\boldsymbol{A}=(\boldsymbol{\alpha},\boldsymbol{\gamma}_1,\boldsymbol{\gamma}_2,\boldsymbol{\gamma}_3)$和$\boldsymbol{B}=(\boldsymbol{\beta},\boldsymbol{\gamma}_1,\boldsymbol{\gamma}_2,\boldsymbol{\gamma}_3)$，其中$\boldsymbol{\alpha},\boldsymbol{\beta},\boldsymbol{\gamma}_1,\boldsymbol{\gamma}_2,\boldsymbol{\gamma}_3$均为4维列向量，且已知行列式$|\boldsymbol{A}|=4$，$|\boldsymbol{B}|=1$，则行列式$|\boldsymbol{A}+\boldsymbol{B}|=$____________.

4. 设$\boldsymbol{A}=\begin{pmatrix} 1 & -2 & 1 & 3 \\ -3 & 5 & -3 & -8 \end{pmatrix}$，求一个$4\times2$矩阵$\boldsymbol{B}$，使$\boldsymbol{A}\boldsymbol{B}=\boldsymbol{O}$，且$r(\boldsymbol{B})=2$. 其中$\boldsymbol{O}$表示零矩阵.

5. 设矩阵$\boldsymbol{A}=\begin{pmatrix} 1 & 0 & 0 & 0 & 0 \\ 0 & 1 & 0 & 0 & 0 \\ -1 & 2 & 1 & 0 & 0 \\ 1 & 1 & 0 & 1 & 0 \\ 0 & 1 & 0 & 0 & 1 \end{pmatrix}$，矩阵$\boldsymbol{B}=\begin{pmatrix} 1 & 0 & 0 & 0 \\ -1 & 0 & 0 & 0 \\ 0 & 1 & 3 & -1 \\ 0 & 2 & 1 & 4 \\ 0 & 1 & 2 & 1 \end{pmatrix}$，求$\boldsymbol{AB}$.

6. 设矩阵 $\boldsymbol{A}=\begin{pmatrix}1&0&2&3\\0&1&1&4\\0&0&1&0\\0&0&0&-1\end{pmatrix}$，矩阵 $\boldsymbol{B}=\begin{pmatrix}1&0&0&0\\0&1&0&0\\6&3&1&2\\0&-2&2&0\end{pmatrix}$，求 $\boldsymbol{AB}$.

7. 已知 $\boldsymbol{A}=\begin{pmatrix}2&4&0&0\\1&2&0&0\\0&0&2&4\\0&0&0&2\end{pmatrix}$，求 $\boldsymbol{A}^n$.

第 2 章测验题

一、选择题.

1. 对任意的 n 阶矩阵 $\boldsymbol{A},\boldsymbol{B},\boldsymbol{C}$，若 $\boldsymbol{ABC}=\boldsymbol{E}$（$\boldsymbol{E}$ 为单位矩阵），则下列式中：

$$①\boldsymbol{ACB}=\boldsymbol{E},\ ②\boldsymbol{BCA}=\boldsymbol{E},\ ③\boldsymbol{BAC}=\boldsymbol{E},\ ④\boldsymbol{CBA}=\boldsymbol{E},\ ⑤\boldsymbol{CAB}=\boldsymbol{E}$$

恒成立的有(　　)个.

(A) 1　　(B) 2　　(C) 3　　(D) 4

2. 设 $\boldsymbol{A}=\begin{pmatrix}1&2\\4&3\end{pmatrix}$，$\boldsymbol{B}=\begin{pmatrix}x&1\\2&y\end{pmatrix}$，若 $\boldsymbol{AB}=\boldsymbol{BA}$，则 $y-x=$(　　).

(A) 0　　(B) 1　　(C) 2　　(D) 3

3. 设 $\boldsymbol{A}=\begin{pmatrix}2&2&1\\1&-2&2\end{pmatrix}$经过初等行变换化为矩阵 $\boldsymbol{B}=\begin{pmatrix}1&-2&2\\0&2&-1\end{pmatrix}$，初等行变换过程如下：

$$\boldsymbol{A}=\begin{pmatrix}2&2&1\\1&-2&2\end{pmatrix}\to\begin{pmatrix}1&-2&2\\2&2&1\end{pmatrix}\to\begin{pmatrix}1&-2&2\\0&6&-3\end{pmatrix}\to\begin{pmatrix}1&-2&2\\0&2&-1\end{pmatrix}=\boldsymbol{B}.$$

设有可逆矩阵 $\boldsymbol{P}$，使 $\boldsymbol{PA}=\boldsymbol{B}$，则 $\boldsymbol{P}=$(　　).

(A) $\begin{pmatrix}0&1\\\frac{1}{3}&\frac{2}{3}\end{pmatrix}$　　(B) $\begin{pmatrix}0&1\\-\frac{1}{3}&-\frac{2}{3}\end{pmatrix}$　　(C) $\begin{pmatrix}0&1\\\frac{1}{3}&-\frac{2}{3}\end{pmatrix}$　　(D) $\begin{pmatrix}0&-1\\\frac{1}{3}&-\frac{2}{3}\end{pmatrix}$

4. 设 $\boldsymbol{A},\boldsymbol{B}$ 是同阶方阵，下面结论正确的是(　　).

(A) 若 $\boldsymbol{A},\boldsymbol{B}$ 都可逆，则 $\boldsymbol{A}+\boldsymbol{B}$ 可逆　　(B) 若 $\boldsymbol{A},\boldsymbol{B}$ 都可逆，则 $\boldsymbol{AB}$ 可逆

(C) 若 $\boldsymbol{A}+\boldsymbol{B}$ 可逆，则 $\boldsymbol{A}-\boldsymbol{B}$ 可逆　　(D) 若 $\boldsymbol{A}+\boldsymbol{B}$ 可逆，则 $\boldsymbol{A},\boldsymbol{B}$ 都可逆

5. 设 3 阶方阵 $\boldsymbol{A}$ 的秩为 2，则 $\boldsymbol{A}$ 的转置矩阵的秩为(　　).

(A) 3　　(B) 2　　(C) 0　　(D) 1

6. 设分块矩阵 $\boldsymbol{X}=\begin{pmatrix}\boldsymbol{A}&\boldsymbol{BA}\\\boldsymbol{O}&\boldsymbol{B}\end{pmatrix}$，其中 $\boldsymbol{A},\boldsymbol{B}$ 为 n 阶可逆矩阵，则 $\boldsymbol{X}^{-1}=$(　　).

(A) $\begin{pmatrix}\boldsymbol{A}^{-1}&\boldsymbol{A}^{-1}\boldsymbol{B}^{-1}\\\boldsymbol{O}&\boldsymbol{B}^{-1}\end{pmatrix}$　　(B) $\begin{pmatrix}\boldsymbol{A}^{-1}&-\boldsymbol{A}^{-1}\boldsymbol{B}^{-1}\\\boldsymbol{O}&\boldsymbol{B}^{-1}\end{pmatrix}$

(C) $\begin{pmatrix}\boldsymbol{A}^{-1}&-\boldsymbol{E}\\\boldsymbol{O}&\boldsymbol{B}^{-1}\end{pmatrix}$　　(D) $\begin{pmatrix}\boldsymbol{A}^{-1}&-\boldsymbol{A}^{-1}\boldsymbol{BAB}^{-1}\\\boldsymbol{O}&\boldsymbol{B}^{-1}\end{pmatrix}$

二、填空题.

1. 设 $\boldsymbol{A}$ 是 3 阶方阵，且 $\begin{pmatrix}0&1&0\\1&0&0\\0&0&1\end{pmatrix}\boldsymbol{A}\begin{pmatrix}1&0&0\\0&1&0\\1&0&1\end{pmatrix}=\begin{pmatrix}1&2&3\\4&5&6\\7&8&9\end{pmatrix}$，则矩阵 $\boldsymbol{A}=$__________.

2. 设 $\boldsymbol{\alpha}=\left(\frac{1}{2},0,0,\frac{1}{2}\right)$，$\boldsymbol{A}=\boldsymbol{E}-\boldsymbol{\alpha}^{\mathrm{T}}\boldsymbol{\alpha}$，$\boldsymbol{B}=\boldsymbol{E}+2\boldsymbol{\alpha}^{\mathrm{T}}\boldsymbol{\alpha}$，$\boldsymbol{E}$ 为单位矩阵，则 $\boldsymbol{AB}=$__________.

3. 若 $\boldsymbol{A}=\begin{pmatrix}1 & -2 & 2\\ -2 & 0 & x\\ 1 & 0 & -5\end{pmatrix}$，$r(\boldsymbol{A})=2$，则 $x=$____________.

4. 设矩阵 $\boldsymbol{A}=\begin{pmatrix}2 & 0 & 0\\ 0 & 1 & 2\\ 0 & 0 & 3\end{pmatrix}$，则 $\boldsymbol{A}^{-1}=$____________.

5. 设 $\boldsymbol{P}^{-1}\boldsymbol{AP}=\boldsymbol{\Lambda}$，其中 $\boldsymbol{P}=\begin{pmatrix}-1 & -4\\ 1 & 1\end{pmatrix}$，$\boldsymbol{\Lambda}=\begin{pmatrix}-1 & 0\\ 0 & 2\end{pmatrix}$，则 $\boldsymbol{A}=$____________.

6. 设 $\boldsymbol{A}$ 为 n 阶矩阵，满足 $\boldsymbol{A}^2-3\boldsymbol{A}-2\boldsymbol{E}=\boldsymbol{O}$，则 $\boldsymbol{A}^{-1}=$____________.

三、解答题.

1. 设方阵 $\boldsymbol{A}$ 满足 $\boldsymbol{A}^2-3\boldsymbol{A}-6\boldsymbol{E}=\boldsymbol{O}$，其中 $\boldsymbol{E}$ 为单位矩阵，求 $(\boldsymbol{A}+\boldsymbol{E})^{-1}$.

2. 已知 $\boldsymbol{AB}=2\boldsymbol{B}+\boldsymbol{A}$，其中 $\boldsymbol{A}=\begin{pmatrix}3 & 2 & 1\\ 1 & 2 & 3\\ -1 & -1 & 1\end{pmatrix}$，求矩阵 $\boldsymbol{B}$.

3. 已知 $\boldsymbol{A}=\begin{pmatrix}1 & -1 & 0\\ 0 & 2 & 1\\ 1 & 0 & -1\end{pmatrix}$，$\boldsymbol{E}$ 为 3 阶单位矩阵，若 $\boldsymbol{A}\boldsymbol{x}+4\boldsymbol{E}=\boldsymbol{A}^2+2\boldsymbol{x}$，求 $\boldsymbol{x}$.

4. 把矩阵 $\begin{pmatrix}0 & 2 & -3 & 1\\ 0 & 3 & -4 & 3\\ 0 & 4 & -7 & -1\end{pmatrix}$ 化为行最简形矩阵，并求出它的秩.

5. 已知 $\boldsymbol{\alpha}=\begin{pmatrix}1\\ 1\\ 1\end{pmatrix}$，$\boldsymbol{\beta}=(1,-1,1)$，设 $\boldsymbol{A}=\boldsymbol{\alpha}\boldsymbol{\beta}$，求 $\boldsymbol{A}^n$.

6. 已知$\boldsymbol{A}=\begin{pmatrix}1 & 1\\ 2 & 2\end{pmatrix}$，求$\boldsymbol{A}^n$.

7. 已知$\boldsymbol{A}=\begin{pmatrix}2 & 0 & -1\\ 1 & 3 & 2\end{pmatrix}$，$\boldsymbol{B}=\begin{pmatrix}1 & 7 & -1\\ 4 & 2 & 3\\ 2 & 0 & 1\end{pmatrix}$，求$(\boldsymbol{AB})^{\mathrm{T}}$.

8. 求$\boldsymbol{A}=\begin{pmatrix}1 & -2 & -1 & 0 & 2\\ -2 & 4 & 2 & 6 & -6\\ 2 & -1 & 0 & 2 & 3\\ 3 & 3 & 3 & 3 & 4\end{pmatrix}$的秩.

第 3 章

向量与向量空间

重点：向量组线性相关性的概念、判定以及有关结论，向量组的极大线性无关组及秩的定义和求法，向量组的秩和矩阵的秩的关系，向量组等价的概念.

难点：向量组线性相关和线性无关的定义和判别方法，以及有关结论的证明，向量组极大线性无关组的求法.

知识结构

本章重点内容介绍

3.1 n 维向量及其线性运算

1. 设 $\boldsymbol{\alpha}_1=(1,a,0,a+1)$, $\boldsymbol{\alpha}_2=(-1,2,b,c)$ ， a,b,c 为何值时 $\boldsymbol{\alpha}_1+\boldsymbol{\alpha}_2=0$.

2. 设 $3(\boldsymbol{\alpha}_1-\boldsymbol{\alpha})+2(\boldsymbol{\alpha}_2+\boldsymbol{\alpha})=5(\boldsymbol{\alpha}_3+\boldsymbol{\alpha})$，求 $\boldsymbol{\alpha}$，其中 $\boldsymbol{\alpha}_1=(2,5,1,3)$，$\boldsymbol{\alpha}_2=(10,1,5,10)$，$\boldsymbol{\alpha}_3=(4,1,-1,1)$.

3. 设 n 维向量 $\boldsymbol{\alpha}=\left(\frac{1}{2},0,\cdots,0,\frac{1}{2}\right)$，矩阵 $\boldsymbol{A}=\boldsymbol{E}-\boldsymbol{\alpha}^{\mathrm{T}}\boldsymbol{\alpha}$，$\boldsymbol{B}=\boldsymbol{E}+4\boldsymbol{\alpha}^{\mathrm{T}}\boldsymbol{\alpha}$，其中 $\boldsymbol{E}$ 为 n 阶单位矩阵，求 $\boldsymbol{AB}$.

3.2　向量组的线性关系

1. 向量组 $\boldsymbol{\alpha}_1,\boldsymbol{\alpha}_2,\cdots,\boldsymbol{\alpha}_s(s\geqslant3)$ 线性相关的充要条件是(　　).

(A) 存在一组数 $k_1,k_2,\cdots,k_s$，使 $k_1\boldsymbol{\alpha}_1+k_2\boldsymbol{\alpha}_2+\cdots+k_s\boldsymbol{\alpha}_s=0$ 成立

(B) $\boldsymbol{\alpha}_1,\boldsymbol{\alpha}_2,\cdots,\boldsymbol{\alpha}_s$ 中至少有两个向量成比例

(C) $\boldsymbol{\alpha}_1,\boldsymbol{\alpha}_2,\cdots,\boldsymbol{\alpha}_s$ 中至少有一个向量可以由其余 $s-1$ 个向量线性表示

(D) $\boldsymbol{\alpha}_1,\boldsymbol{\alpha}_2,\cdots,\boldsymbol{\alpha}_s$ 中任意一个部分向量组线性相关

2. 向量组 $\boldsymbol{\alpha}_1,\boldsymbol{\alpha}_2,\cdots,\boldsymbol{\alpha}_s(s\geqslant3)$ 线性无关的充分条件是(　　).

(A) 存在一组数 $k_1=k_2=\cdots=k_s\neq0$，使 $k_1\boldsymbol{\alpha}_1+k_2\boldsymbol{\alpha}_2+\cdots+k_s\boldsymbol{\alpha}_s=0$ 成立

(B) $\boldsymbol{\alpha}_1$，$\boldsymbol{\alpha}_2,\cdots,\boldsymbol{\alpha}_s$ 中不含零向量

(C) 当 $k_1,k_2,\cdots,k_s$ 不全为零时，总有 $k_1\boldsymbol{\alpha}_1+k_2\boldsymbol{\alpha}_2+\cdots+k_s\boldsymbol{\alpha}_s\neq0$ 成立

(D) 向量组 $\boldsymbol{\alpha}_1,\boldsymbol{\alpha}_2,\cdots,\boldsymbol{\alpha}_s$ 中向量两两线性无关

3. 设 $\boldsymbol{\alpha}_1,\boldsymbol{\alpha}_2,\cdots,\boldsymbol{\alpha}_s,\boldsymbol{\beta}$ 为 n 维向量，则下列结论正确的是(　　).

(A) 若 $\boldsymbol{\beta}$ 不能由向量组 $\boldsymbol{\alpha}_1,\boldsymbol{\alpha}_2,\cdots,\boldsymbol{\alpha}_s$ 线性表示，则 $\boldsymbol{\alpha}_1,\boldsymbol{\alpha}_2,\cdots,\boldsymbol{\alpha}_s,\boldsymbol{\beta}$ 必线性无关

(B) 若向量组 $\boldsymbol{\alpha}_1,\boldsymbol{\alpha}_2,\cdots,\boldsymbol{\alpha}_s,\boldsymbol{\beta}$ 线性相关，则 $\boldsymbol{\beta}$ 可以由向量组 $\boldsymbol{\alpha}_1,\boldsymbol{\alpha}_2,\cdots,\boldsymbol{\alpha}_s$ 线性表示

(C) $\boldsymbol{\beta}$ 可以由向量组 $\boldsymbol{\alpha}_1,\boldsymbol{\alpha}_2,\cdots,\boldsymbol{\alpha}_s$ 的部分向量线性表示，则 $\boldsymbol{\beta}$ 可以由 $\boldsymbol{\alpha}_1,\boldsymbol{\alpha}_2,\cdots,\boldsymbol{\alpha}_s$ 线性表示

(D) $\boldsymbol{\beta}$ 可以由向量组 $\boldsymbol{\alpha}_1,\boldsymbol{\alpha}_2,\cdots,\boldsymbol{\alpha}_s$ 线性表示，则 $\boldsymbol{\beta}$ 可以由其任何一个部分向量组线性表示

4. 设向量 $\boldsymbol{\alpha}=\begin{pmatrix}1\\0\\0\end{pmatrix},\boldsymbol{\beta}=\begin{pmatrix}0\\0\\1\end{pmatrix}$，下列选项中(　　)为 $\boldsymbol{\alpha}$，$\boldsymbol{\beta}$ 的线性组合.

(A) 1　　　　(B) $\boldsymbol{\eta}=\begin{pmatrix}-3\\0\\4\end{pmatrix}$

(C) $\boldsymbol{\eta}=\begin{pmatrix}2\\2\\0\end{pmatrix}$　　　　(D) $\boldsymbol{\eta}=\begin{pmatrix}0\\-1\\0\end{pmatrix}$

5. 已知 a,b,c 互不相等，设向量组 $\boldsymbol{\alpha}_1=(1,a,a^2)$，$\boldsymbol{\alpha}_2=(1,b,b^2)$，$\boldsymbol{\alpha}_3=(1,c,c^2)$，则 $\boldsymbol{\alpha}_1,\boldsymbol{\alpha}_2,\boldsymbol{\alpha}_3$ 的线性关系为__________.

6. 设向量 $(2,-3,5)$ 与向量 $(-4,6,a)$ 线性相关，则 $a=$__________.

7. 若向量组(Ⅰ) $\boldsymbol{\alpha}_1,\boldsymbol{\alpha}_2,\cdots,\boldsymbol{\alpha}_s$ 可由向量组(Ⅱ) $\boldsymbol{\beta}_1,\boldsymbol{\beta}_2,\cdots,\boldsymbol{\beta}_t$ 线性表示，且向量组(Ⅰ)线性无关，则 s 和 t 的大小关系是__________.

8. 讨论向量组$\boldsymbol{\alpha}_1=(1,1,0)$，$\boldsymbol{\alpha}_2=(1,3,-1)$，$\boldsymbol{\alpha}_3=(5,3,t)$的线性相关性.

9. 证明：如果向量组$\boldsymbol{\alpha}_1,\boldsymbol{\alpha}_2,\cdots,\boldsymbol{\alpha}_r$线性无关，而$\boldsymbol{\alpha}_1,\boldsymbol{\alpha}_2,\cdots,\boldsymbol{\alpha}_r,\boldsymbol{\beta}$线性相关，则向量$\boldsymbol{\beta}$可以由$\boldsymbol{\alpha}_1,\boldsymbol{\alpha}_2,\cdots,\boldsymbol{\alpha}_r$线性表示，并且表示方法是唯一的.

10. 已知向量组(Ⅰ)$\boldsymbol{\alpha}_1,\boldsymbol{\alpha}_2,\boldsymbol{\alpha}_3$，向量组(Ⅱ)$\boldsymbol{\beta}_1=\boldsymbol{\alpha}_1+\boldsymbol{\alpha}_2,\boldsymbol{\beta}_2=\boldsymbol{\alpha}_2+\boldsymbol{\alpha}_3,\boldsymbol{\beta}_3=\boldsymbol{\alpha}_3+\boldsymbol{\alpha}_1$，试证：向量组(Ⅰ)线性无关当且仅当向量组(Ⅱ)线性无关.

11. 讨论向量组 $\boldsymbol{\alpha}_1=(1,1,0)$，$\boldsymbol{\alpha}_2=(1,3,1)$，$\boldsymbol{\alpha}_3=(5,3,t^2)$的线性相关性.

12. 设 n 维向量组 $\boldsymbol{\alpha}_1,\boldsymbol{\alpha}_2,\boldsymbol{\alpha}_3$ 线性无关，$\boldsymbol{\beta}_1=\boldsymbol{\alpha}_1,\boldsymbol{\beta}_2=\boldsymbol{\alpha}_1+\boldsymbol{\alpha}_2,\boldsymbol{\beta}_3=\boldsymbol{\alpha}_1+\boldsymbol{\alpha}_2+\boldsymbol{\alpha}_3$，证明：$\boldsymbol{\beta}_1,\boldsymbol{\beta}_2,\boldsymbol{\beta}_3$ 线性无关.

13. 判断向量 $\boldsymbol{\beta}_1=(4,3,-1,11)$与 $\boldsymbol{\beta}_2=(4,3,0,11)$是否各为向量组 $\boldsymbol{\alpha}_1=(1,2,-1,5)$，$\boldsymbol{\alpha}_2=(2,-1,1,1)$的线性组合，若是，写出表达式.

14. 已知向量 $\boldsymbol{\alpha}_1,\boldsymbol{\alpha}_2,\boldsymbol{\alpha}_3$ 分别可由 $\boldsymbol{\beta}_1,\boldsymbol{\beta}_2,\boldsymbol{\beta}_3$ 线性表示，即 $\begin{cases}\boldsymbol{\alpha}_1=\boldsymbol{\beta}_1-\boldsymbol{\beta}_2+\boldsymbol{\beta}_3,\\ \boldsymbol{\alpha}_2=\boldsymbol{\beta}_1+\boldsymbol{\beta}_2-\boldsymbol{\beta}_3,\\ \boldsymbol{\alpha}_3=-\boldsymbol{\beta}_1+\boldsymbol{\beta}_2+\boldsymbol{\beta}_3.\end{cases}$ 试将 $\boldsymbol{\beta}_1$，$\boldsymbol{\beta}_2$，$\boldsymbol{\beta}_3$ 分别用 $\boldsymbol{\alpha}_1$，$\boldsymbol{\alpha}_2$，$\boldsymbol{\alpha}_3$ 线性表示.

15. 如果向量组 $\boldsymbol{\alpha}_1$，$\boldsymbol{\alpha}_2$，…，$\boldsymbol{\alpha}_s$ 线性无关，证明：向量组 $\boldsymbol{\alpha}_1$，$\boldsymbol{\alpha}_1+\boldsymbol{\alpha}_2$，…，$\boldsymbol{\alpha}_1+\boldsymbol{\alpha}_2+\cdots+\boldsymbol{\alpha}_s$ 也线性无关.

16. 已知 $\boldsymbol{\beta}_1=\boldsymbol{\alpha}_1+\boldsymbol{\alpha}_2,\boldsymbol{\beta}_2=\boldsymbol{\alpha}_1-\boldsymbol{\alpha}_2,\boldsymbol{\beta}_3=3\boldsymbol{\alpha}_1-2\boldsymbol{\alpha}_2$，证明：$\boldsymbol{\beta}_1,\boldsymbol{\beta}_2,\boldsymbol{\beta}_3$ 线性相关.

17. 设 $\boldsymbol{\alpha}_1=(6,a+1,3)^{\mathrm{T}},\boldsymbol{\alpha}_2=(a,2,-2)^{\mathrm{T}}$，$\boldsymbol{\alpha}_3=(a,1,0)^{\mathrm{T}}$. 试问：

(1) a 为何值时 $\boldsymbol{\alpha}_1,\boldsymbol{\alpha}_2$ 线性相关，a 为何值时 $\boldsymbol{\alpha}_1,\boldsymbol{\alpha}_2$ 线性无关；

(2) a 为何值时 $\boldsymbol{\alpha}_1,\boldsymbol{\alpha}_2,\boldsymbol{\alpha}_3$ 线性相关，a 为何值时 $\boldsymbol{\alpha}_1,\boldsymbol{\alpha}_2,\boldsymbol{\alpha}_3$ 线性无关.

18. 设向量组$\boldsymbol{\alpha}_1,\boldsymbol{\alpha}_2,\cdots,\boldsymbol{\alpha}_m$线性无关，且可由向量组$\boldsymbol{\beta}_1,\boldsymbol{\beta}_2,\cdots,\boldsymbol{\beta}_m$线性表示. 证明：这两个向量组等价，从而$\boldsymbol{\beta}_1,\boldsymbol{\beta}_2,\cdots,\boldsymbol{\beta}_m$也线性无关.

19. 给定向量组(Ⅰ)$\boldsymbol{\alpha}_1=(1,0,2)^{\mathrm{T}}$，$\boldsymbol{\alpha}_2=(1,1,3)^{\mathrm{T}}$，$\boldsymbol{\alpha}_3=(1,-1,a+2)^{\mathrm{T}}$和向量组(Ⅱ)$\boldsymbol{\beta}_1=(1,2,a+3)^{\mathrm{T}}$，$\boldsymbol{\beta}_2=(2,1,a+6)^{\mathrm{T}}$，$\boldsymbol{\beta}_3=(2,1,a+4)^{\mathrm{T}}$. a为何值时(Ⅰ)和(Ⅱ)等价？a为何值时(Ⅰ)和(Ⅱ)不等价？

3.3 极大线性无关组和秩

1. 设 n 维列向量组 $\boldsymbol{\alpha}_1,\boldsymbol{\alpha}_2,\cdots,\boldsymbol{\alpha}_r$ 与 n 维列向量组 $\boldsymbol{\beta}_1$，$\boldsymbol{\beta}_2$，$\cdots$，$\boldsymbol{\beta}_s$ 等价，则(　　).

(A) $r=s$

(B) $r(\boldsymbol{\alpha}_1,\boldsymbol{\alpha}_2,\cdots,\boldsymbol{\alpha}_r)=r(\boldsymbol{\beta}_1,\boldsymbol{\beta}_2,\cdots,\boldsymbol{\beta}_s)$

(C) 两向量组有相同的线性相关性

(D) 矩阵$(\boldsymbol{\alpha}_1,\boldsymbol{\alpha}_2,\cdots,\boldsymbol{\alpha}_r)$与矩阵$(\boldsymbol{\beta}_1,\boldsymbol{\beta}_2,\cdots,\boldsymbol{\beta}_s)$等价

2. 已知向量组 $\boldsymbol{\alpha}_1=\begin{pmatrix}1\\0\\0\\2\end{pmatrix},\boldsymbol{\alpha}_2=\begin{pmatrix}0\\1\\5\\0\end{pmatrix},\boldsymbol{\alpha}_3=\begin{pmatrix}2\\1\\t+2\\4\end{pmatrix}$ 的秩为 2，则 $t=$(　　).

(A) 1　　(B) 2　　(C) 3　　(D) 4

3. 若向量组(Ⅰ)$\boldsymbol{\alpha}_1,\boldsymbol{\alpha}_2,\cdots,\boldsymbol{\alpha}_r$ 为向量组(Ⅱ)$\boldsymbol{\alpha}_1,\boldsymbol{\alpha}_2,\cdots,\boldsymbol{\alpha}_m$ 的一个极大无关组，则下列说法中错误的是(　　).

(A) $\boldsymbol{\alpha}_1$ 必可由向量组(Ⅰ)$\alpha_1,\boldsymbol{\alpha}_2,\cdots,\boldsymbol{\alpha}_r$ 线性表示

(B) $\boldsymbol{\alpha}_1$ 必可由向量组 $\boldsymbol{\alpha}_{r+1},\boldsymbol{\alpha}_{r+2},\cdots,\boldsymbol{\alpha}_m$ 线性表示

(C) $\boldsymbol{\alpha}_m$ 必可由向量组(Ⅰ)$\boldsymbol{\alpha}_1,\boldsymbol{\alpha}_2,\cdots,\boldsymbol{\alpha}_r$ 线性表示

(D) $\boldsymbol{\alpha}_m$ 必可由向量组 $\boldsymbol{\alpha}_{r+1},\boldsymbol{\alpha}_{r+2},\cdots,\boldsymbol{\alpha}_m$ 线性表示

4. 假设 $\boldsymbol{A}$ 为 n 阶方阵，其秩 $r<n$，那么在 $\boldsymbol{A}$ 的 n 个行向量中(　　).

(A) 必有 r 个行向量线性无关

(B) 任意 r 个行向量线性无关

(C) 任意 r 个行向量都构成极大线性无关组

(D) 任意一个行向量都可以由其他 r 个行向量线性表示

5. 已知 $\boldsymbol{A}$ 为 5×7 矩阵，且 $r(\boldsymbol{A})=5$，则 $\boldsymbol{A}$ 的列向量组(　　).

(A) 线性相关　　(B) 线性无关

(C) 线性关系无法判定　　(D) 线性关系和行向量组相同

6. 设向量组 $\boldsymbol{\alpha}_1=(2,-1,3,1),\boldsymbol{\alpha}_2=(4,-2,5,4),\boldsymbol{\alpha}_3=(2,-1,4,-1)$，试说明 $\boldsymbol{\alpha}_1,\boldsymbol{\alpha}_2$ 是该向量组的一个极大线性无关组，并把 $\boldsymbol{\alpha}_3$ 表示成 $\boldsymbol{\alpha}_1,\boldsymbol{\alpha}_2$ 的一个线性组合.

7. 求向量组 $\boldsymbol{\alpha}_1=\begin{pmatrix}1\\-1\\2\\4\end{pmatrix},\boldsymbol{\alpha}_2=\begin{pmatrix}0\\3\\1\\2\end{pmatrix},\boldsymbol{\alpha}_3=\begin{pmatrix}3\\0\\7\\14\end{pmatrix},\boldsymbol{\alpha}_4=\begin{pmatrix}1\\-1\\2\\0\end{pmatrix},\boldsymbol{\alpha}_5=\begin{pmatrix}2\\1\\5\\6\end{pmatrix}$ 的一个极大无关组，并将其余向量用该极大无关组线性表示.

8. 已知向量组 $\boldsymbol{\alpha}_1=(1,2,-1,5),\boldsymbol{\alpha}_2=(0,3,1,2),\boldsymbol{\alpha}_3=(3,0,7,14),\boldsymbol{\alpha}_4=(2,1,5,6),\boldsymbol{\alpha}_5=(1,-1,2,0)$.

(1) 证明：$\boldsymbol{\alpha}_1,\boldsymbol{\alpha}_5$ 线性无关；

(2)求包含 $\boldsymbol{\alpha}_1,\boldsymbol{\alpha}_5$ 的一个极大无关组；

(3)将其余向量用该极大无关组线性表示.

9. 设 3 维向量组 $\boldsymbol{\alpha}_1,\boldsymbol{\alpha}_2,\boldsymbol{\alpha}_3$ 线性无关，$\boldsymbol{\gamma}_1=\boldsymbol{\alpha}_1+\boldsymbol{\alpha}_2-\boldsymbol{\alpha}_3,\boldsymbol{\gamma}_2=3\boldsymbol{\alpha}_1-\boldsymbol{\alpha}_2,\boldsymbol{\gamma}_3=4\boldsymbol{\alpha}_1-\boldsymbol{\alpha}_3$，求向量组 $\boldsymbol{\gamma}_1,\boldsymbol{\gamma}_2,\boldsymbol{\gamma}_3$的秩.

10. 设$\boldsymbol{\beta}_1=\boldsymbol{\alpha}_2+\boldsymbol{\alpha}_3+\cdots+\boldsymbol{\alpha}_m,\boldsymbol{\beta}_2=\boldsymbol{\alpha}_1+\boldsymbol{\alpha}_3+\cdots+\boldsymbol{\alpha}_m,\cdots,\boldsymbol{\beta}_m=\boldsymbol{\alpha}_1+\boldsymbol{\alpha}_2+\cdots+\boldsymbol{\alpha}_{m-1}$，其中 $m>1$. 证明：向量组$\boldsymbol{\beta}_1$，$\boldsymbol{\beta}_2,\cdots,\boldsymbol{\beta}_m$ 与 $\boldsymbol{\alpha}_1,\boldsymbol{\alpha}_2,\cdots,\boldsymbol{\alpha}_m$ 有相同的秩.

3.4 向量空间

1. 已知 3 维向量空间的一组基为 $\boldsymbol{\alpha}_1=(1,1,0)^{\mathrm{T}},\boldsymbol{\alpha}_2=(1,0,1)^{\mathrm{T}},\boldsymbol{\alpha}_3=(0,1,1)^{\mathrm{T}}$，求向量 $\boldsymbol{\xi}=(2,0,0)^{\mathrm{T}}$ 在上述基下的坐标.

2. 设 $\boldsymbol{\alpha}_1=(1,1,0)^{\mathrm{T}},\boldsymbol{\alpha}_2=(0,1,1)^{\mathrm{T}},\boldsymbol{\alpha}_3=(0,0,1)^{\mathrm{T}}$ 和 $\boldsymbol{\beta}_1=(1,-1,-1)^{\mathrm{T}},\boldsymbol{\beta}_2=(1,1,-1)^{\mathrm{T}},\boldsymbol{\beta}_3=(-1,1,0)^{\mathrm{T}}$ 是向量空间 $\mathbf{R}^3$ 的两组基.

(1) 求由基 $\boldsymbol{\alpha}_1,\boldsymbol{\alpha}_2,\boldsymbol{\alpha}_3$ 到基 $\boldsymbol{\beta}_1,\boldsymbol{\beta}_2,\boldsymbol{\beta}_3$ 的过渡矩阵；

(2) 求由基 $\boldsymbol{\beta}_1,\boldsymbol{\beta}_2,\boldsymbol{\beta}_3$ 到基 $\boldsymbol{\alpha}_1,\boldsymbol{\alpha}_2,\boldsymbol{\alpha}_3$ 的过渡矩阵；

(3) 求向量 $\boldsymbol{\alpha}=\boldsymbol{\alpha}_1+2\boldsymbol{\alpha}_2-3\boldsymbol{\alpha}_3$ 在基 $\boldsymbol{\beta}_1,\boldsymbol{\beta}_2,\boldsymbol{\beta}_3$ 下的坐标.

3. 设 $\boldsymbol{\alpha}_1,\boldsymbol{\alpha}_2,\boldsymbol{\alpha}_3$ 和 $\boldsymbol{\beta}_1,\boldsymbol{\beta}_2,\boldsymbol{\beta}_3$ 是向量空间 $\mathbf{R}^3$ 的两组基，其中 $\boldsymbol{\alpha}_1=(1,1,0)^{\mathrm{T}}$，$\boldsymbol{\alpha}_2=(0,1,1)^{\mathrm{T}}$，$\boldsymbol{\alpha}_3=(0,0,1)^{\mathrm{T}}$. 由基 $\boldsymbol{\alpha}_1,\boldsymbol{\alpha}_2,\boldsymbol{\alpha}_3$ 到基 $\boldsymbol{\beta}_1,\boldsymbol{\beta}_2,\boldsymbol{\beta}_3$ 的过渡矩阵为 $\boldsymbol{A}=\begin{pmatrix}1&1&-2\\-2&0&3\\4&-1&-6\end{pmatrix}$，求基向量 $\boldsymbol{\beta}_1,\boldsymbol{\beta}_2,\boldsymbol{\beta}_3$.

4. 已知 $\mathbf{R}^3$ 的向量 $\boldsymbol{\gamma}=(1,0,-1)^{\mathrm{T}}$ 及 $\mathbf{R}^3$ 的一组基 $\boldsymbol{\varepsilon}_1=(1,0,1)^{\mathrm{T}},\boldsymbol{\varepsilon}_2=(1,1,1)^{\mathrm{T}},\boldsymbol{\varepsilon}_3=(1,0,0)^{\mathrm{T}}$. $\boldsymbol{A}$ 是一个 3 阶矩阵，已知 $\boldsymbol{A}\boldsymbol{\varepsilon}_1=\boldsymbol{\varepsilon}_1+\boldsymbol{\varepsilon}_3,\boldsymbol{A}\boldsymbol{\varepsilon}_2=\boldsymbol{\varepsilon}_2-\boldsymbol{\varepsilon}_3,\boldsymbol{A}\boldsymbol{\varepsilon}_3=2\boldsymbol{\varepsilon}_1-\boldsymbol{\varepsilon}_2+\boldsymbol{\varepsilon}_3$，求 $\boldsymbol{A}\boldsymbol{\gamma}$ 在 $\boldsymbol{\varepsilon}_1,\boldsymbol{\varepsilon}_2,\boldsymbol{\varepsilon}_3$ 下的坐标.

3.5　向量的内积

1. 已知两个行向量 $\boldsymbol{\alpha}=(1,2)$，$\boldsymbol{\beta}=(1,-1)$，设 $\boldsymbol{A}=\boldsymbol{\alpha}^{\mathrm{T}}\boldsymbol{\beta}$，则 $\boldsymbol{A}^{100}=$ ____________.

2. 证明：两个 n 阶正交矩阵的乘积仍为正交矩阵.

3. 设 n 阶实对称矩阵 $\boldsymbol{A}$ 满足关系 $\boldsymbol{A}^2+6\boldsymbol{A}+8\boldsymbol{E}=0$，证明 $\boldsymbol{A}+3\boldsymbol{E}$ 是正交矩阵.

4. 设 $\boldsymbol{\alpha}_1=(1,1,-1)^{\mathrm{T}}$，$\boldsymbol{\alpha}_2=(1,-1,-1)^{\mathrm{T}}$，求与 $\boldsymbol{\alpha}_1,\boldsymbol{\alpha}_2$ 均正交的单位向量 $\boldsymbol{\beta}$，并求与向量组 $\boldsymbol{\alpha}_1,\boldsymbol{\alpha}_2,\boldsymbol{\beta}$ 等价的标准正交向量组.

5. 把向量组 $\boldsymbol{\alpha}_1=(1,1,1)^{\mathrm{T}}$，$\boldsymbol{\alpha}_2=(0,1,1)^{\mathrm{T}}$，$\boldsymbol{\alpha}_3=(0,0,1)^{\mathrm{T}}$ 标准正交化.

6. 已知 n 维向量组 $\boldsymbol{\alpha}_1,\boldsymbol{\alpha}_2,\cdots,\boldsymbol{\alpha}_n$ 线性无关，若向量 $\boldsymbol{\beta}$ 与 $\boldsymbol{\alpha}_1,\boldsymbol{\alpha}_2,\cdots,\boldsymbol{\alpha}_n$ 都正交，证明 $\boldsymbol{\beta}$ 为零向量.

7. 已知向量组 $\boldsymbol{\alpha}_1,\boldsymbol{\alpha}_2,\cdots,\boldsymbol{\alpha}_s$ 都与非零向量 $\boldsymbol{\beta}$ 正交，证明 $\boldsymbol{\beta}$ 不能由 $\boldsymbol{\alpha}_1,\boldsymbol{\alpha}_2,\cdots,\boldsymbol{\alpha}_s$ 线性表示.

第 3 章测验题

一、选择题.

1. 下列说法正确的是(　　).

(A) 若向量组 $\boldsymbol{\alpha}_1,\boldsymbol{\alpha}_2,\cdots,\boldsymbol{\alpha}_m$ 是线性相关的，则 $\boldsymbol{\alpha}_1$ 可由 $\boldsymbol{\alpha}_2,\cdots,\boldsymbol{\alpha}_m$ 线性表示

(B) 若向量组 $\boldsymbol{\alpha}_1$，$\boldsymbol{\alpha}_2,\boldsymbol{\alpha}_3,\boldsymbol{\alpha}_4$ 中任意三个向量都线性无关，则 $\boldsymbol{\alpha}_1,\boldsymbol{\alpha}_2,\boldsymbol{\alpha}_3$，$\boldsymbol{\alpha}_4$ 线性无关

(C) 若向量组 $\boldsymbol{\alpha}_1,\boldsymbol{\alpha}_2,\cdots,\boldsymbol{\alpha}_m$ 线性无关，向量 $\boldsymbol{\beta}$ 不能由 $\boldsymbol{\alpha}_1,\boldsymbol{\alpha}_2,\cdots,\boldsymbol{\alpha}_m$ 线性表示，则 $\boldsymbol{\alpha}_1$，$\boldsymbol{\alpha}_2,\cdots,\boldsymbol{\alpha}_m,\boldsymbol{\beta}$ 线性无关

(D) 因 $k_1=k_2=\cdots=k_m=0$ 时，有 $k_1\boldsymbol{\alpha}_1+k_2\boldsymbol{\alpha}_2+\cdots+k_m\boldsymbol{\alpha}_m=0$，故向量组 $\boldsymbol{\alpha}_1,\boldsymbol{\alpha}_2,\cdots,\boldsymbol{\alpha}_m$ 线性无关

2. 设 n 维向量组 $\boldsymbol{\alpha}_1,\boldsymbol{\alpha}_2,\boldsymbol{\alpha}_3,\boldsymbol{\alpha}_4$，则下列结论不成立的是(　　).

(A) 若 $\boldsymbol{\alpha}_1,\boldsymbol{\alpha}_2$ 线性无关，且 $\boldsymbol{\alpha}_3,\boldsymbol{\alpha}_4$ 线性无关，则 $\boldsymbol{\alpha}_1,\boldsymbol{\alpha}_2,\boldsymbol{\alpha}_3,\boldsymbol{\alpha}_4$ 线性无关

(B) 若 $\boldsymbol{\alpha}_1,\boldsymbol{\alpha}_2,\boldsymbol{\alpha}_3$ 线性相关，则 $\boldsymbol{\alpha}_1,\boldsymbol{\alpha}_2,\boldsymbol{\alpha}_3,\boldsymbol{\alpha}_4$ 线性相关

(C) 若 $\boldsymbol{\alpha}_1,\boldsymbol{\alpha}_2,\boldsymbol{\alpha}_3,\boldsymbol{\alpha}_4$ 线性无关，则 $\boldsymbol{\alpha}_1,\boldsymbol{\alpha}_2,\boldsymbol{\alpha}_3$ 线性无关

(D) 若 $\boldsymbol{\alpha}_1,\boldsymbol{\alpha}_2,\boldsymbol{\alpha}_3,\boldsymbol{\alpha}_4$ 线性相关，则其中必有一个向量可由其余向量线性表示

3. 设矩阵 $\boldsymbol{A}_{m\times n}$ 的秩 $r(\boldsymbol{A})=m<n$，$\boldsymbol{E}_m$ 为 m 阶单位矩阵，则下列结论正确的是(　　).

(A) 矩阵 $\boldsymbol{A}$ 的任意 m 个列向量必线性无关

(B) 矩阵 $\boldsymbol{A}$ 的任意一个 m 阶子式不等于零

(C) 矩阵 $\boldsymbol{A}$ 的 m 个行向量必线性无关

(D) 矩阵 $\boldsymbol{A}$ 经过初等行变换必可变为 $(\boldsymbol{E}_m,0)$ 的形式

4. 设 3 阶方阵 $\boldsymbol{A}=(\boldsymbol{\alpha},2\boldsymbol{\gamma}_1,3\boldsymbol{\gamma}_2)$ 和 $\boldsymbol{B}=(\boldsymbol{\beta},\boldsymbol{\gamma}_1,\boldsymbol{\gamma}_2)$，其中 $\boldsymbol{\alpha},\boldsymbol{\beta},\boldsymbol{\gamma}_1,\boldsymbol{\gamma}_2$ 均为 3 维列向量，若 $|\boldsymbol{A}|=18$，$|\boldsymbol{B}|=2$，则 $|\boldsymbol{A}-\boldsymbol{B}|=$(　　).

(A) 0　　(B) 1　　(C) 2　　(D) 以上选项都不对

5. 设 $\boldsymbol{\alpha}_1=\begin{pmatrix}0\\2\\1\\1\end{pmatrix},\boldsymbol{\alpha}_2=\begin{pmatrix}-1\\-1\\-1\\-1\end{pmatrix},\boldsymbol{\alpha}_3=\begin{pmatrix}1\\-1\\0\\0\end{pmatrix},\boldsymbol{\alpha}_4=\begin{pmatrix}0\\0\\1\\-1\end{pmatrix}$，则 $\boldsymbol{\alpha}_1,\boldsymbol{\alpha}_2,\boldsymbol{\alpha}_3,\boldsymbol{\alpha}_4$ 的一个最大无关组是(　　).

(A) $\boldsymbol{\alpha}_3,\boldsymbol{\alpha}_4$　　(B) $\boldsymbol{\alpha}_1,\boldsymbol{\alpha}_2,\boldsymbol{\alpha}_3,\boldsymbol{\alpha}_4$　　(C) $\boldsymbol{\alpha}_1,\boldsymbol{\alpha}_2,\boldsymbol{\alpha}_3$　　(D) $\boldsymbol{\alpha}_1,\boldsymbol{\alpha}_2,\boldsymbol{\alpha}_4$

6. 若向量组 $\boldsymbol{A}$：$\boldsymbol{\alpha}_1,\boldsymbol{\alpha}_2,\cdots,\boldsymbol{\alpha}_r$ 可以由向量组 $\boldsymbol{B}$：$\boldsymbol{\beta}_1,\boldsymbol{\beta}_2,\cdots,\boldsymbol{\beta}_s$ 线性表示，则(　　).

(A) $r\geqslant s$　　(B) $r\leqslant s$

(C) $\boldsymbol{A}$ 的秩 $\geqslant \boldsymbol{B}$ 的秩　　(D) $\boldsymbol{A}$ 的秩 $\leqslant \boldsymbol{B}$ 的秩

二、填空题.

1. 设 $\boldsymbol{\alpha}_1=(a,1,1),\boldsymbol{\alpha}_2=(1,a,-1),\boldsymbol{\alpha}_3=(1,-1,a)$ 线性相关，且 $a<0$，则 $a=$__________.

2. 向量组 $\boldsymbol{\alpha}_1=(1,2,-1,1),\boldsymbol{\alpha}_2=(2,0,3,0),\boldsymbol{\alpha}_3=(0,-4,5,-2)$ 的秩为__________.

3. 已知向量组 $\boldsymbol{\alpha}_1=\begin{pmatrix}1\\2\\-1\\1\end{pmatrix},\boldsymbol{\alpha}_2=\begin{pmatrix}2\\0\\3\\0\end{pmatrix},\boldsymbol{\alpha}_3=\begin{pmatrix}0\\-4\\t\\-2\end{pmatrix}$ 线性相关，则 $t=$__________.

4. 设 3 阶方阵 $\boldsymbol{A}$ 按列分块为 $\boldsymbol{A}=(\boldsymbol{\alpha}_1,\boldsymbol{\alpha}_2,\boldsymbol{\alpha}_3)$，且 $|\boldsymbol{A}|=5$，又设 $\boldsymbol{B}=(\boldsymbol{\alpha}_1+2\boldsymbol{\alpha}_2,\boldsymbol{\alpha}_3,\boldsymbol{\alpha}_2)$，则 $|\boldsymbol{B}|=$____________.

5. 若 $\boldsymbol{\beta}=\begin{pmatrix}1\\0\\t\end{pmatrix}$ 可以由 $\boldsymbol{\alpha}_1=\begin{pmatrix}2\\1\\1\end{pmatrix},\boldsymbol{\alpha}_2=\begin{pmatrix}-1\\0\\7\end{pmatrix}$ 线性表示，则 $t=$____________.

6. 向量组 $\boldsymbol{\alpha}_1=(1,1),\boldsymbol{\alpha}_2=(1,3),\boldsymbol{\alpha}_3=(5,3)$ 是线性____________(相关的或者无关的).

三、解答题.

1. 判断向量组 $\boldsymbol{\alpha}_1=(1,1,1),\boldsymbol{\alpha}_2=(0,2,5),\boldsymbol{\alpha}_3=(1,3,6)$ 的线性相关性.

2. 设向量组 $\boldsymbol{\alpha}_1,\boldsymbol{\alpha}_2,\boldsymbol{\alpha}_3$ 线性无关，$\boldsymbol{\beta}_1=\boldsymbol{\alpha}_2-\boldsymbol{\alpha}_1,\boldsymbol{\beta}_2=\boldsymbol{\alpha}_3-\boldsymbol{\alpha}_2,\boldsymbol{\beta}_3=\boldsymbol{\alpha}_1-\boldsymbol{\alpha}_3$. 证明：$\boldsymbol{\beta}_1,\boldsymbol{\beta}_2,\boldsymbol{\beta}_3$ 线性相关.

3. 已知向量组

$$\boldsymbol{\alpha}_1=\begin{pmatrix}1\\-1\\2\end{pmatrix},\boldsymbol{\alpha}_2=\begin{pmatrix}0\\2\\5\end{pmatrix},\boldsymbol{\alpha}_3=\begin{pmatrix}-2\\4\\1\end{pmatrix},\boldsymbol{\alpha}_4=\begin{pmatrix}3\\-7\\-4\end{pmatrix}$$

(1)求此向量组的秩和一个最大无关组；

(2)将其余向量用这一最大无关组线性表示.

4. 若 $\boldsymbol{\alpha},\boldsymbol{\beta},\boldsymbol{\gamma}$ 线性无关，$\boldsymbol{\alpha}+2\boldsymbol{\beta},2\boldsymbol{\beta}+k\boldsymbol{\gamma},\boldsymbol{\beta}+3\boldsymbol{\gamma}$ 线性相关，求 k.

5. 设向量 $\boldsymbol{\alpha}_1=(1+a,1,1,1)^{\mathrm{T}},\boldsymbol{\alpha}_2=(2,2+a,2,2)^{\mathrm{T}},\boldsymbol{\alpha}_3=(3,3,3+a,3)^{\mathrm{T}},\boldsymbol{\alpha}_4=(4,4,4,4+a)^{\mathrm{T}}$，其中 $a<0$，a 为何值时，$\boldsymbol{\alpha}_1,\boldsymbol{\alpha}_2,\boldsymbol{\alpha}_3,\boldsymbol{\alpha}_4$ 线性相关？当 $\boldsymbol{\alpha}_1,\boldsymbol{\alpha}_2,\boldsymbol{\alpha}_3,\boldsymbol{\alpha}_4$ 线性相关时，求其一个最大无关组，并将其余向量用该最大无关组线性表示.

6. 设 $\boldsymbol{\alpha}_1=(1,1,a)$, $\boldsymbol{\alpha}_2=(1,a,1)$, $\boldsymbol{\alpha}_3=(a,1,1)$ 可以由 $\boldsymbol{\beta}_1=(1,1,a)$, $\boldsymbol{\beta}_2=(-2,a,4)$, $\boldsymbol{\beta}_3=(-2,a,a)$ 线性表示，但 $\boldsymbol{\beta}_1,\boldsymbol{\beta}_2,\boldsymbol{\beta}_3$ 不能由 $\boldsymbol{\alpha}_1,\boldsymbol{\alpha}_2,\boldsymbol{\alpha}_3$ 线性表示，求 a.

7. 设矩阵 $\boldsymbol{A}=\begin{pmatrix}1 & -2 & -1 & 0 & 2\\ -2 & 4 & 2 & 6 & -6\\ 2 & -1 & 0 & 2 & 3\\ 3 & 3 & 3 & 3 & 4\end{pmatrix}$.

(1) 求矩阵 $\boldsymbol{A}$ 的秩；

(2) 求其列向量组的一个最大无关组；

(3) 将其余列向量用最大无关组线性表示.

8. 已知向量组 $\boldsymbol{\alpha}_1,\boldsymbol{\alpha}_2,\boldsymbol{\alpha}_3$ 线性无关，$\boldsymbol{\beta}_1=\boldsymbol{\alpha}_1+\boldsymbol{\alpha}_2$, $\boldsymbol{\beta}_2=\boldsymbol{\alpha}_2+\boldsymbol{\alpha}_3$, $\boldsymbol{\beta}_3=\boldsymbol{\alpha}_3+\boldsymbol{\alpha}_1$，证明：$\boldsymbol{\beta}_1,\boldsymbol{\beta}_2,\boldsymbol{\beta}_3$ 线性无关.

第 4 章 线性方程组

重点：齐次线性方程组有非零解的充要条件，解的性质，齐次线性方程组的基础解系、通解和解空间的概念；非齐次线性方程组有解的充要条件，解的性质及通解，用初等变换求解线性方程组的方法.

难点：齐次线性方程组有非零解和非齐次线性方程组有解的充要条件，齐次线性方程组基础解系的求法.

知识结构

本章重点内容介绍

4.1 齐次线性方程组

1. 设 $\boldsymbol{A}$ 为 n 阶实矩阵，且 $\boldsymbol{A}$ 中某元素的代数余子式 $A_{ij}\neq 0$，则 $\boldsymbol{Ax}=\boldsymbol{0}$ 的基础解系中所含向量个数为(　　).

(A) 1　　(B) i　　(C) j　　(D) n

2. 设 n 阶矩阵 $\boldsymbol{A}$ 的各行元素之和为零，且 $r(\boldsymbol{A})=n-1$，则 $\boldsymbol{Ax}=\boldsymbol{0}$ 的通解为________.

3. 设齐次线性方程组为 $x_1+x_2+\cdots+x_n=0$，则它的基础解系所含向量个数为________.

4. 齐次方程组 $\begin{cases}\lambda x_1+x_2+x_3=0,\\ x_1+\lambda x_2+x_3=0,\\ x_1+x_2+\lambda x_3=0\end{cases}$ 有非零解的充分必要条件是 $\lambda=$________.

5. 求齐次线性方程组 $\begin{cases}x_1+x_2-3x_3-x_4=0,\\ 3x_1-x_2-3x_3+4x_4=0,\\ x_1+5x_2-9x_3-8x_4=0\end{cases}$ 的一个基础解系，并给出通解.

6. 求齐次线性方程组$\begin{cases}x_1+x_2+x_3+4x_4-3x_5=0,\\2x_1+x_2+3x_3+5x_4-5x_5=0,\\x_1-x_2+3x_3-2x_4-x_5=0,\\3x_1+x_2+5x_3+6x_4-7x_5=0\end{cases}$的基础解系.

7. 设$\boldsymbol{A}=\begin{pmatrix}1&2&1&2\\0&1&t&t\\1&t&0&1\end{pmatrix}$，且方程组$\boldsymbol{Ax}=\boldsymbol{0}$的基础解系中含有两个解向量，求$\boldsymbol{Ax}=\boldsymbol{0}$的通解.

4.2 非齐次线性方程组

1. 若非齐次线性方程组$\begin{cases}kx_1+x_2+x_3=1,\\x_1+kx_2=3,\\3x_1+x_2+x_3=1\end{cases}$有唯一解，则(　　).

(A) $k=0$ 或 $k=3$　(B) $k\neq0$　(C) $k\neq3$　(D) $k\neq0$ 且 $k\neq3$

2. 当 λ 取(　　)时，方程组$\begin{cases}x_1+2x_2-x_3=\lambda-1,\\3x_2-x_3=\lambda-2,\\\lambda x_2-x_3=(\lambda-3)(\lambda-4)+(\lambda-2)\end{cases}$有无穷多解.

(A) 1　(B) 2　(C) 3　(D) 4

3. 非齐次方程组 $\boldsymbol{Ax}=\boldsymbol{b}$ 中未知量个数为 n，方程个数为 m，系数矩阵 $\boldsymbol{A}$ 的秩为 r，则(　　).

(A) $r=m$ 时，方程组 $\boldsymbol{Ax}=\boldsymbol{b}$ 有解　(B) $r=n$ 时，方程组 $\boldsymbol{Ax}=\boldsymbol{b}$ 有唯一解

(C) $m=n$ 时，方程组 $\boldsymbol{Ax}=\boldsymbol{b}$ 有唯一解　(D) $r<n$ 时，方程组 $\boldsymbol{Ax}=\boldsymbol{b}$ 有无穷解

4. 已知 $\boldsymbol{\beta}_1,\boldsymbol{\beta}_2$ 是非齐次线性方程组 $\boldsymbol{Ax}=\boldsymbol{b}$ 的两个不同的解，$\boldsymbol{\alpha}_1,\boldsymbol{\alpha}_2$ 是对应的齐次线性方程组 $\boldsymbol{Ax}=\boldsymbol{0}$ 的基础解系，k_1,k_2 为任意常数，则方程组 $\boldsymbol{Ax}=\boldsymbol{b}$ 的通解是(　　).

(A) $k_1\boldsymbol{\alpha}_1+k_2(\boldsymbol{\alpha}_1+\boldsymbol{\alpha}_2)+\dfrac{\boldsymbol{\beta}_1-\boldsymbol{\beta}_2}{2}$　(B) $k_1\boldsymbol{\alpha}_1+k_2(\boldsymbol{\alpha}_1-\boldsymbol{\alpha}_2)+\dfrac{\boldsymbol{\beta}_1+\boldsymbol{\beta}_2}{2}$

(C) $k_1\boldsymbol{\alpha}_1+k_2(\boldsymbol{\beta}_1+\boldsymbol{\beta}_2)+\dfrac{\boldsymbol{\beta}_1-\boldsymbol{\beta}_2}{2}$　(D) $k_1\boldsymbol{\alpha}_1+k_2(\boldsymbol{\beta}_1-\boldsymbol{\beta}_2)+\dfrac{\boldsymbol{\beta}_1+\boldsymbol{\beta}_2}{2}$

5. 设 $\boldsymbol{\alpha}_1,\boldsymbol{\alpha}_2,\boldsymbol{\alpha}_3$ 是四元非齐次线性方程组 $\boldsymbol{Ax}=\boldsymbol{b}$ 的三个解向量，且 $r(\boldsymbol{A})=3$，$\boldsymbol{\alpha}_1=(1,2,3,4)^{\mathrm{T}},\boldsymbol{\alpha}_1+\boldsymbol{\alpha}_2=(0,1,2,3)^{\mathrm{T}}$，则线性方程组 $\boldsymbol{Ax}=\boldsymbol{b}$ 的通解为(　　).

(A) $\begin{pmatrix}1\\2\\3\\4\end{pmatrix}+k\begin{pmatrix}1\\1\\1\\1\end{pmatrix}$　(B) $\begin{pmatrix}1\\2\\3\\4\end{pmatrix}+k\begin{pmatrix}0\\1\\2\\3\end{pmatrix}$　(C) $\begin{pmatrix}1\\2\\3\\4\end{pmatrix}+k\begin{pmatrix}2\\3\\4\\5\end{pmatrix}$　(D) $\begin{pmatrix}1\\2\\3\\4\end{pmatrix}+k\begin{pmatrix}3\\4\\5\\6\end{pmatrix}$

6. 设 $\boldsymbol{\alpha}_1,\boldsymbol{\alpha}_2$ 是非齐次线性方程组 $\boldsymbol{Ax}=\boldsymbol{b}$ 的解，$\boldsymbol{\beta}$ 是对应的齐次方程组 $\boldsymbol{Ax}=\boldsymbol{0}$ 的解，则 $\boldsymbol{Ax}=\boldsymbol{b}$ 必有一个解是(　　).

(A) $\boldsymbol{\alpha}_1+\boldsymbol{\alpha}_2$　(B) $\boldsymbol{\alpha}_1-\boldsymbol{\alpha}_2$　(C) $\boldsymbol{\beta}+\boldsymbol{\alpha}_1+\boldsymbol{\alpha}_2$　(D) $\boldsymbol{\beta}+\dfrac{1}{2}\boldsymbol{\alpha}_1+\dfrac{1}{2}\boldsymbol{\alpha}_2$

7. $k=0$ 是线性方程组$\begin{cases}2x+ky=c_1,\\kx+2y=c_2\end{cases}$($c_1,c_2$ 为不等于零的常数)有唯一解的(　　).

(A) 充分条件　(B) 必要条件　(C) 充要条件　(D) 无关条件

8. 设 $\boldsymbol{\alpha}_1,\boldsymbol{\alpha}_2$ 是非齐次线性方程组 $\boldsymbol{Ax}=\boldsymbol{b}$ 的解，$\boldsymbol{\beta}$ 是对应的齐次方程组 $\boldsymbol{Ax}=\boldsymbol{0}$ 的解，则下列选项中(　　)不是 $\boldsymbol{Ax}=\boldsymbol{b}$ 的解.

(A) $\boldsymbol{\alpha}_1+\boldsymbol{\alpha}_2$　(B) $\boldsymbol{\alpha}_1+\boldsymbol{\beta}$　(C) $\boldsymbol{\alpha}_2+\boldsymbol{\beta}$　(D) $\boldsymbol{\beta}+\dfrac{1}{2}\boldsymbol{\alpha}_1+\dfrac{1}{2}\boldsymbol{\alpha}_2$

9. 若非齐次线性方程组$\begin{cases}x_1+2x_2-x_3+4x_4=2,\\2x_1-x_2+x_3+x_4=1,\\x_1+7x_2-4x_3+11x_4=\lambda\end{cases}$ 有解，则 $\lambda=$____________.

10. 非齐次线性方程组$\begin{cases}x_1+x_2-x_3=1,\\2x_1+3x_2+ax_3=3,\\x_1+ax_2+3x_3=2\end{cases}$有唯一解，则 a 满足条件____________.

11. 设 $\boldsymbol{\gamma}_1,\boldsymbol{\gamma}_2,\cdots,\boldsymbol{\gamma}_s$ 为非齐次线性方程组 $\boldsymbol{Ax}=\boldsymbol{b}$ 的一组解，且 $c_1\boldsymbol{\gamma}_1+c_2\boldsymbol{\gamma}_2+\cdots+c_s\boldsymbol{\gamma}_s$ 亦为 $\boldsymbol{Ax}=\boldsymbol{b}$ 的解，则 $c_1+c_2+\cdots+c_s=$____________.

12. 设矩阵 $\boldsymbol{A}=\begin{pmatrix}1&1&1-a\\1&0&a\\a+1&1&a+1\end{pmatrix},\boldsymbol{\beta}=\begin{pmatrix}0\\1\\2a-2\end{pmatrix}$，且方程组 $\boldsymbol{Ax}=\boldsymbol{\beta}$ 无解.

(1)求 a 的值；

(2)求方程组 $\boldsymbol{A}^{\mathrm{T}}\boldsymbol{Ax}=\boldsymbol{A}^{\mathrm{T}}\boldsymbol{\beta}$ 的通解.

13. 设线性方程组$\begin{cases}x_1+a_1x_2+a_1^2x_3=a_1^3,\\x_1+a_2x_2+a_2^2x_3=a_2^3,\\x_1+a_3x_2+a_3^2x_3=a_3^3,\\x_1+a_4x_2+a_4^2x_3=a_4^3.\end{cases}$

(1)证明：如果 a_1,a_2,a_3,a_4 两两不相等，那么此线性方程组无解；

(2)设 $a_1=a_3=k,a_2=a_4=-k(k\neq0)$，且已知 $\boldsymbol{\beta}_1=(-1,1,1)^{\mathrm{T}},\boldsymbol{\beta}_2=(1,1,-1)^{\mathrm{T}}$ 是此线性方程组的两个解，写出此线性方程组的通解.

14. 讨论 λ 取何值时方程组 $\begin{cases}\lambda x_1+x_2+x_3=1,\\ x_1+\lambda x_2+x_3=\lambda,\\ x_1+x_2+\lambda x_3=\lambda^2\end{cases}$ 有解，并求解.

15. 求非齐次线性方程组 $\begin{cases}2x_1+x_2-x_3+x_4=1,\\ 4x_1+2x_2-2x_3+x_4=2,\\ 2x_1+x_2-x_3-x_4=1\end{cases}$ 的通解.

16. 当 a 取何值时，线性方程组 $\begin{cases} x_1+x_2+2x_3+3x_4=1, \\ x_1+3x_2+6x_3+x_4=3, \\ x_1+5x_2+10x_3-x_4=5, \\ 3x_1+5x_2+10x_3+7x_4=a \end{cases}$ 有解？在方程组有解时，用其导出组的基础解系表示其通解.

17. 设方程组 $\begin{cases} (1+k)x_1+x_2+x_3=0, \\ x_1+(1+k)x_2+x_3=3, \\ x_1+x_2+(1+k)x_3=k, \end{cases}$ 问 k 取何值时，此方程组有唯一解、无解、有无穷多解？有无穷多解时，求出其通解.

18. 已知线性方程组 $\begin{cases} x_1+x_2-2x_3+3x_4=0, \\ 2x_1+x_2-6x_3+4x_4=-1, \\ 3x_1+2x_2+px_3+7x_4=-1, \\ x_1-x_2-6x_3-x_4=t. \end{cases}$ 讨论参数 p，t 取何值时方程组有解；取何值时方程组无解？当方程组有解时，试用其导出组的基础解系表示通解.

19. 设线性方程组 $\begin{cases} x_1+\lambda x_2+\mu x_3+x_4=0, \\ 2x_1+x_2+x_3+2x_4=0, \\ 3x_1+(2+\lambda)x_2+(4+\mu)x_3+4x_4=1. \end{cases}$ 已知 $(1,-1,1,-1)^{\mathrm{T}}$ 是该方程组的一个解，试求：

(1) 方程组的全部解，并用对应的齐次线性方程组的基础解系表示全部解；

(2) 写出 $x_2=x_3$ 的全部解.

20. 设 $\boldsymbol{\eta}^*$ 是非齐次线性方程组 $\boldsymbol{Ax}=\boldsymbol{b}$ 的一个解，$\boldsymbol{\xi}_1,\boldsymbol{\xi}_2,\cdots,\boldsymbol{\xi}_{n-r}$ 是其导出组 $\boldsymbol{Ax}=\boldsymbol{0}$ 的一个基础解系，证明：

（1）$\boldsymbol{\eta}^*,\boldsymbol{\xi}_1,\boldsymbol{\xi}_2,\cdots,\boldsymbol{\xi}_{n-r}$ 线性无关；

（2）$\boldsymbol{\eta}^*,\boldsymbol{\eta}^*+\boldsymbol{\xi}_1,\boldsymbol{\eta}^*+\boldsymbol{\xi}_2,\cdots,\boldsymbol{\eta}^*+\boldsymbol{\xi}_{n-r}$ 线性无关.

4.3　线性方程组的应用

1. 设 $\boldsymbol{A}$ 为 $m\times n$ 矩阵，齐次线性方程组 $\boldsymbol{Ax}=\boldsymbol{0}$ 仅有零解的充分条件是(　　).

(A) $\boldsymbol{A}$ 的列向量组线性无关　　(B) $\boldsymbol{A}$ 的列向量组线性相关

(C) $\boldsymbol{A}$ 的行向量组线性无关　　(D) $\boldsymbol{A}$ 的行向量组线性相关

2. 设 $\boldsymbol{A}$ 为 n 阶实矩阵，$\boldsymbol{A}^{\mathrm{T}}$ 是 $\boldsymbol{A}$ 的转置矩阵，则对于线性方程组(Ⅰ) $\boldsymbol{Ax}=\boldsymbol{0}$ 和(Ⅱ) $\boldsymbol{A}^{\mathrm{T}}\boldsymbol{Ax}=\boldsymbol{0}$ 必有(　　).

(A) (Ⅱ)的解是(Ⅰ)的解，(Ⅰ)的解也是(Ⅱ)的解

(B) (Ⅱ)的解是(Ⅰ)的解，但(Ⅰ)的解不是(Ⅱ)的解

(C) (Ⅱ)的解不是(Ⅰ)的解，(Ⅰ)的解不是(Ⅱ)的解

(D) (Ⅰ)的解是(Ⅱ)的解，但(Ⅱ)的解不是(Ⅰ)的解

3. 设有非齐次线性方程组 $\boldsymbol{Ax}=\boldsymbol{b}$，下列说法正确的是(　　).

(A) 导出组 $\boldsymbol{Ax}=\boldsymbol{0}$ 只有零解时，$\boldsymbol{Ax}=\boldsymbol{b}$ 只有唯一解

(B) 导出组 $\boldsymbol{Ax}=\boldsymbol{0}$ 有非零解时，$\boldsymbol{Ax}=\boldsymbol{b}$ 有无穷多解

(C) 若 $\boldsymbol{Ax}=\boldsymbol{b}$ 有两个互异解，则 $\boldsymbol{Ax}=\boldsymbol{b}$ 有无穷多解

(D) 以上选项都不对

4. 五元齐次线性方程组 $\boldsymbol{Ax}=\boldsymbol{0}$ 的同解方程组为$\begin{cases}x_1+3x_2=0,\\x_2=0,\end{cases}$则 $\boldsymbol{A}$ 的秩为____________.

5. 求一个齐次线性方程组，使它的基础解系为 $\boldsymbol{\xi}_1=\begin{pmatrix}1\\0\\2\\3\end{pmatrix},\boldsymbol{\xi}_2=\begin{pmatrix}3\\2\\0\\1\end{pmatrix}$.

6. 设 $\boldsymbol{A},\boldsymbol{B}$ 均为 n 阶矩阵，证明：若 $\boldsymbol{AB}=\boldsymbol{O}$，则 $r(\boldsymbol{A})+r(\boldsymbol{B})\leqslant n$.

7. 设 $\boldsymbol{A}$ 为 $m\times n$ 矩阵，$\boldsymbol{B}$ 为 $n\times l$ 矩阵，且 $r(\boldsymbol{A})=n$. 证明：如果 $\boldsymbol{AB}=\boldsymbol{O}$，那么 $\boldsymbol{B}=\boldsymbol{O}$.

8. 已知 $\boldsymbol{\alpha}_1,\boldsymbol{\alpha}_2,\boldsymbol{\alpha}_3,\boldsymbol{\alpha}_4$ 是齐次线性方程组 $\boldsymbol{Ax}=\boldsymbol{0}$ 的一个基础解系，若 $\boldsymbol{\beta}_1=\boldsymbol{\alpha}_1+t\boldsymbol{\alpha}_2,\boldsymbol{\beta}_2=\boldsymbol{\alpha}_2+t\boldsymbol{\alpha}_3$，$\boldsymbol{\beta}_3=\boldsymbol{\alpha}_3+t\boldsymbol{\alpha}_4$，$\boldsymbol{\beta}_4=\boldsymbol{\alpha}_4+t\boldsymbol{\alpha}_1$，讨论实数 t 满足什么关系时 $\boldsymbol{\beta}_1,\boldsymbol{\beta}_2,\boldsymbol{\beta}_3,\boldsymbol{\beta}_4$ 也是 $\boldsymbol{Ax}=\boldsymbol{0}$ 的一个基础解系.

9. 设 $\boldsymbol{\alpha}_1$，$\boldsymbol{\alpha}_2,\cdots,\boldsymbol{\alpha}_s$ 为线性方程组 $\boldsymbol{Ax}=\boldsymbol{0}$ 的一个基础解系，$\boldsymbol{\beta}_1=t_1\boldsymbol{\alpha}_1+t_2\boldsymbol{\alpha}_2,\boldsymbol{\beta}_2=t_1\boldsymbol{\alpha}_2+t_2\boldsymbol{\alpha}_3,\cdots$，$\boldsymbol{\beta}_s=t_1\boldsymbol{\alpha}_s+t_2\boldsymbol{\alpha}_1$，其中 t_1,t_2 为实常数. 试问 t_1,t_2 满足什么关系时，$\boldsymbol{\beta}_1,\boldsymbol{\beta}_2,\cdots,\boldsymbol{\beta}_s$ 也是 $\boldsymbol{Ax}=\boldsymbol{0}$ 的一个基础解系.

10. 已知方程组(Ⅰ) $\begin{cases} x_1+2x_2+3x_3=0, \\ 2x_1+3x_2+5x_3=0, \\ x_1+x_2+ax_3=0 \end{cases}$ 和(Ⅱ) $\begin{cases} x_1+bx_2+cx_3=0, \\ 2x_1+b^2x_2+(c+1)x_3=0 \end{cases}$ 同解，求 a,b,c 的值.

11. 设 $\boldsymbol{Ax}=\boldsymbol{0}$ 与 $\boldsymbol{Bx}=\boldsymbol{0}$ 均为 n 元齐次线性方程组，且 $\boldsymbol{Ax}=\boldsymbol{0}$ 的解均为方程组 $\boldsymbol{Bx}=\boldsymbol{0}$ 的解，证明：方程组 $\boldsymbol{Ax}=\boldsymbol{0}$ 与 $\boldsymbol{Bx}=\boldsymbol{0}$ 方程组同解.

12. 设 $\boldsymbol{A}$ 是 $m\times n$ 矩阵，$\boldsymbol{b}$ 是 m 维向量，证明：线性方程组 $\boldsymbol{A}^{\mathrm{T}}\boldsymbol{A}\boldsymbol{x}=\boldsymbol{A}^{\mathrm{T}}\boldsymbol{b}$ 必有解.

13. 已知向量组 $\boldsymbol{\alpha}_1=(1,2,0,-2)^{\mathrm{T}}$, $\boldsymbol{\alpha}_2=(0,3,1,0)^{\mathrm{T}}$, $\boldsymbol{\alpha}_3=(-1,4,2,a)^{\mathrm{T}}$ 和向量组 $\boldsymbol{\beta}_1=(1,8,2,-2)^{\mathrm{T}}$, $\boldsymbol{\beta}_2=(1,5,1,-a)^{\mathrm{T}}$, $\boldsymbol{\beta}_3=(-5,2,b,10)^{\mathrm{T}}$ 都是齐次线性方程组 $\boldsymbol{A}\boldsymbol{x}=\boldsymbol{0}$ 的基础解系，求 a,b 的值.

14. 设向量组 $\boldsymbol{\alpha}_1, \boldsymbol{\alpha}_2, \cdots, \boldsymbol{\alpha}_r$ 是齐次线性方程组 $\boldsymbol{Ax}=\boldsymbol{0}$ 的一个基础解系，向量 $\boldsymbol{\beta}$ 不是方程组 $\boldsymbol{Ax}=\boldsymbol{0}$ 的解，即 $\boldsymbol{A\beta}\neq\boldsymbol{0}$. 证明：向量组 $\boldsymbol{\beta}$，$\boldsymbol{\beta}+\boldsymbol{\alpha}_1$，$\boldsymbol{\beta}+\boldsymbol{\alpha}_2$，$\cdots$，$\boldsymbol{\beta}+\boldsymbol{\alpha}_r$ 线性无关.

15. 若线性方程组 $\begin{cases}x_1+x_2+x_3=0,\\x_1+2x_2+ax_3=0,\\x_1+4x_2+a^2x_3=0\end{cases}$ 与 $x_1+2x_2+x_3=a-1$ 有公共解，求常数 a 的值及所有公共解.

第 4 章测验题

一、选择题.

1. 设 $\boldsymbol{A}$ 为 $m\times n$ 矩阵，已知 $r(\boldsymbol{A})=m<n$，则下列说法正确的是(　　).

(A) 齐次线性方程组 $\boldsymbol{Ax}=\boldsymbol{0}$ 只有零解

(B) 矩阵 $\boldsymbol{A}$ 的任意 m 个列向量都线性无关

(C) 矩阵 $\boldsymbol{A}$ 的任意一个 m 阶子式不为零

(D) 非齐次线性方程组 $\boldsymbol{Ax}=\boldsymbol{b}$ 有无穷多解

2. 若 $\boldsymbol{A}$ 为 3 阶矩阵，且 $a_{11}=-1, \boldsymbol{A}^{\mathrm{T}}\boldsymbol{A}=\boldsymbol{E}, \boldsymbol{E}$ 为单位矩阵，则方程组 $\boldsymbol{Ax}=(1,0,0)^{\mathrm{T}}$ 的解 $\boldsymbol{x}=$(　　).

(A) $(1,0,0)^{\mathrm{T}}$　　(B) $(1,1,0)^{\mathrm{T}}$　　(C) $(-1,0,0)^{\mathrm{T}}$　　(D) 以上选项都不对

3. 设有齐次线性方程组 $\boldsymbol{Ax}=\boldsymbol{0}$ 和 $\boldsymbol{Bx}=\boldsymbol{0}$，其中 $\boldsymbol{A},\boldsymbol{B}$ 均为 $m\times n$ 矩阵，现有四个命题：

①若 $\boldsymbol{Ax}=\boldsymbol{0}$ 的解均是 $\boldsymbol{Bx}=\boldsymbol{0}$ 的解，则 $r(\boldsymbol{A})\geqslant r(\boldsymbol{B})$；

②若 $r(\boldsymbol{A})\geqslant r(\boldsymbol{B})$，则 $\boldsymbol{Ax}=\boldsymbol{0}$ 的解均是 $\boldsymbol{Bx}=\boldsymbol{0}$ 的解；

③若 $\boldsymbol{Ax}=\boldsymbol{0}$ 与 $\boldsymbol{Bx}=\boldsymbol{0}$ 同解，则 $r(\boldsymbol{A})=r(\boldsymbol{B})$；

④若 $r(\boldsymbol{A})=r(\boldsymbol{B})$，则 $\boldsymbol{Ax}=\boldsymbol{0}$ 与 $\boldsymbol{Ax}=\boldsymbol{0}$ 同解.

以上命题正解的是(　　).

(A) ①②　　(B) ①③　　(C) ②④　　(D) ③④

4. 设 $\boldsymbol{A}$ 是秩为 m 的 $m\times n$ 矩阵，且 $m<n$. 则齐次线性方程组 $\boldsymbol{Ax}=\boldsymbol{0}$(　　).

(A) 有非零解　　(B) 只有零解

(C) 不能确定是否有非零解　　(D) 无解

5. 设 $\boldsymbol{A}$ 为 $m\times n$ 矩阵，$r(\boldsymbol{A})=r<n$，则齐次线性方程组 $\boldsymbol{A}_{m\times n}\boldsymbol{x}=\boldsymbol{0}$ 的基础解系中含有(　　)个解向量.

(A) r　　(B) $n-r$　　(C) $m-r$　　(D) 1

6. n 元齐次线性方程组 $\boldsymbol{A}_{m\times n}\boldsymbol{x}=\boldsymbol{0}$ 有非零解的充要条件是(　　).

(A) $r(\boldsymbol{A})\leqslant n$　　(B) $r(\boldsymbol{A})<n$　　(C) $r(\boldsymbol{A})=n$　　(D) $r(\boldsymbol{A})<m$

二、填空题.

1. 已知 3 阶方阵 $\boldsymbol{A}$ 的各行元素之和为零，且 $r(\boldsymbol{A})=2$，则齐次线性方程组 $\boldsymbol{Ax}=\boldsymbol{0}$ 的一个基础解系为____________.

2. 已知 5 阶方阵 $\boldsymbol{A}$ 的秩 $r(\boldsymbol{A})=4$，则齐次线性方程组 $\boldsymbol{Ax}=\boldsymbol{0}$ 的基础解系中含有____________个解向量.

3. 设 m 个列向量 $\boldsymbol{a}_1,\boldsymbol{a}_2,\cdots,\boldsymbol{a}_m$ 均是非齐次线性方程组 $\boldsymbol{Ax}=\boldsymbol{b}$ 的解，若 $k_1\boldsymbol{a}_1+k_2\boldsymbol{a}_2+\cdots+k_m\boldsymbol{a}_m$ 也是 $\boldsymbol{Ax}=\boldsymbol{b}$ 的一个解，则常数 $k_1+k_2+\cdots+k_m=$____________.

4. 设非齐次方程组 $\boldsymbol{Ax}=\boldsymbol{b}$，$r(\boldsymbol{A})=n-1$，其中 n 为未知元的个数，$\boldsymbol{\eta}_1$，$\boldsymbol{\eta}_2$ 是方程组的两个不同的解，则方程组 $\boldsymbol{Ax}=\boldsymbol{b}$ 的通解为____________.

5. 若线性方程组$\begin{cases}x_1+x_2=-a_1,\\x_2+x_3=a_2,\\x_3+x_4=-a_3,\\x_4+x_1=a_4\end{cases}$有解，则常数$a_1,a_2,a_3,a_4$应满足条件____________.

6. 已知方程组$\begin{cases}a_1x_1+a_2x_2+a_3x_3=a_4,\\x_1+2x_2-x_3=b_4,\\2x_1+x_2+x_3=-4\end{cases}$有两个解$\boldsymbol{\eta}_1=(-3,2,0)^{\mathrm{T}},\boldsymbol{\eta}_2=(-1,0,-2)^{\mathrm{T}}$，则通解表达式为____________.

三、解答题.

1. 设有线性方程组$\begin{cases}\lambda x_1+2x_2+2x_3=\lambda+2,\\2x_1+\lambda x_2+2x_3=4,\\2x_1+2x_2+\lambda x_3=4,\end{cases}$问$\lambda$为何值时，此方程组：(1)有唯一解；(2)无解；(3)有无穷多解？有无穷多解时，求出其通解.

2. 当a为何值时，方程组$\begin{cases}x_1+x_2+ax_3=-2,\\x_1+ax_2+x_3=-2,\\ax_1+x_2+x_3=a-3\end{cases}$无解、有唯一解或有无穷多解？有无穷多解时，求出其通解.

3. 设向量组 $\boldsymbol{\alpha}_1,\boldsymbol{\alpha}_2,\cdots,\boldsymbol{\alpha}_s$ 是齐次线性方程组 $\boldsymbol{Ax}=\boldsymbol{0}$ 的一个基础解系，向量 $\boldsymbol{\beta}$ 是非齐次线性方程组 $\boldsymbol{Ax}=\boldsymbol{b}$ 的解，证明：向量组 $\boldsymbol{\beta},\boldsymbol{\beta}+\boldsymbol{\alpha}_1,\cdots,\boldsymbol{\beta}+\boldsymbol{\alpha}_s$ 线性无关.

4. 已知 4 阶方阵 $\boldsymbol{A}=(\boldsymbol{\alpha}_1,\boldsymbol{\alpha}_2,\boldsymbol{\alpha}_3,\boldsymbol{\alpha}_4)$，$\boldsymbol{\alpha}_1,\boldsymbol{\alpha}_2,\boldsymbol{\alpha}_3,\boldsymbol{\alpha}_4$ 均为 4 维列向量，其中 $\boldsymbol{\alpha}_2,\boldsymbol{\alpha}_3,\boldsymbol{\alpha}_4$ 线性无关，$\boldsymbol{\alpha}_1=2\boldsymbol{\alpha}_2-\boldsymbol{\alpha}_3$，如果 $\boldsymbol{\beta}=\boldsymbol{\alpha}_1+\boldsymbol{\alpha}_2+\boldsymbol{\alpha}_3+\boldsymbol{\alpha}_4$，求线性方程组 $\boldsymbol{Ax}=\boldsymbol{\beta}$ 的通解.

5. 若四元非齐次线性方程组的系数矩阵的秩为 3，已知 $\boldsymbol{\eta}_1,\boldsymbol{\eta}_2,\boldsymbol{\eta}_3$ 是它的三个解向量，且 $\boldsymbol{\eta}_1=(2,3,4,5)^{\mathrm{T}},\boldsymbol{\eta}_2+\boldsymbol{\eta}_3=(1,2,3,4)^{\mathrm{T}}$，求该方程组的通解.

6. 设非齐次线性方程组$\begin{cases}x_1+x_2+\lambda x_3=4,\\x_1-x_2+2x_3=-4,\\-x_1+\lambda x_2+x_3=\lambda^2,\end{cases}$问 λ 为何值时，该方程组有唯一解、无解或有无穷多解？有无穷多解时，求出其通解.

7. 求解方程组$\begin{cases}x_1-x_2-x_3+x_4=0,\\x_1-x_2+x_3-3x_4=2,\\x_1-x_2-2x_3+3x_4=1.\end{cases}$

8. 已知方程组$\begin{cases}x_1+x_2+ax_3=4,\\-x_1+ax_2+x_3=a^2,\\-x_1-x_2+2x_3=-4\end{cases}$有无穷多解，求 a.

第 5 章

矩阵的特征值与特征向量

重点：矩阵的特征值和特征向量的概念、性质及求法，相似矩阵的概念及性质，矩阵可相似对角化的充要条件，实对称矩阵与对角矩阵相似的结论.

难点：相似矩阵的概念及性质，矩阵可相似对角化的充要条件.

知识结构

本章重点内容介绍

5.1 特征值与特征向量

1. 已知 3 阶矩阵 $\boldsymbol{A}$ 的各列元素之和为 -2，则下列说法正确的是(　　).

(A) $\boldsymbol{A}$ 有一个特征值 -2，且对应的特征向量为 $(1,1,1)^{\mathrm{T}}$

(B) $\boldsymbol{A}$ 有一个特征值 -2，但不一定有对应的特征向量 $(1,1,1)^{\mathrm{T}}$

(C) -2 不是 $\boldsymbol{A}$ 的一个特征值

(D) 无法确定 $\boldsymbol{A}$ 是否有一个特征值 -2

2. 设 $\boldsymbol{A}$ 为 n 阶实矩阵，下列说法不正确的是(　　).

(A) 若 $\boldsymbol{A}$ 可逆，则其属于特征值 λ 的特征向量亦为 $\boldsymbol{A}^{-1}$ 的属于特征值 λ^{-1} 的特征向量

(B) $\boldsymbol{A}$ 的特征向量为方程 $(\lambda\boldsymbol{E}-\boldsymbol{A})\boldsymbol{x}=\boldsymbol{0}$ 的全部解

(C) 若 $\boldsymbol{A}$ 存在属于特征值 λ 的 n 个线性无关的特征向量，则 $\boldsymbol{A}$ 为数量矩阵

(D) $\boldsymbol{A}$ 的转置矩阵与 $\boldsymbol{A}$ 具有完全一样的特征值

3. 设 $\boldsymbol{A}$ 为 n 阶 $(n\geqslant 2)$ 可逆矩阵，λ 是 $\boldsymbol{A}$ 的一个特征值，则 $\boldsymbol{A}$ 的伴随矩阵 $\boldsymbol{A}^*$ 的特征值之一是(　　).

(A) $\lambda^{-1}|\boldsymbol{A}|^{n}$　　(B) $\lambda^{-1}|\boldsymbol{A}|^{n-1}$　　(C) $\lambda^{-1}|\boldsymbol{A}|^{n-2}$　　(D) $\lambda^{-1}|\boldsymbol{A}|$

4. 矩阵 $\boldsymbol{A}=\begin{pmatrix}0 & -2 & -2\\ 2 & 2 & -2\\ -2 & -2 & 2\end{pmatrix}$ 的非零特征值为__________.

5. 已知$\boldsymbol{\alpha}=(k,1,1)^{\mathrm{T}}$是矩阵$\boldsymbol{A}=\begin{pmatrix}2&1&1\\1&2&1\\1&1&2\end{pmatrix}$的特征向量，则$k=$____________.

6. 设$\boldsymbol{A}$为n阶方阵，$\boldsymbol{Ax}=\boldsymbol{0}$有非零解，则$\boldsymbol{A}$必有一个特征值为____________.

7. 已知3阶矩阵$\boldsymbol{A}$有特征值1,2,3，则$2\boldsymbol{A}^*$的特征值为____________.

8. 设$\boldsymbol{A}$是3阶矩阵，已知$|\boldsymbol{A}+\boldsymbol{E}|=0$，$|\boldsymbol{A}+2\boldsymbol{E}|=0$，$|\boldsymbol{A}+3\boldsymbol{E}|=0$，则$|\boldsymbol{A}+4\boldsymbol{E}|=$________.

9. 已知向量$\boldsymbol{\alpha}=\begin{pmatrix}1\\k\\1\end{pmatrix}$是矩阵$\boldsymbol{A}=\begin{pmatrix}2&1&1\\1&2&1\\1&1&2\end{pmatrix}$的逆矩阵$\boldsymbol{A}^{-1}$的特征向量，求常数$k$的值.

10. 设$\boldsymbol{A}$为3阶方阵，有3个不同的特征值$\lambda_1,\lambda_2,\lambda_3$，对应的特征向量分别为$\boldsymbol{\alpha}_1,\boldsymbol{\alpha}_2,\boldsymbol{\alpha}_3$，令$\boldsymbol{\beta}=\boldsymbol{\alpha}_1+\boldsymbol{\alpha}_2+\boldsymbol{\alpha}_3$，证明：向量组$\boldsymbol{\beta},\boldsymbol{A\beta},\boldsymbol{A}^2\boldsymbol{\beta}$线性无关.

5.2 相似矩阵

1. $\boldsymbol{A}$ 与 $\boldsymbol{B}$ 相似的充分条件为(　　).

(A) $\boldsymbol{A}$ 与 $\boldsymbol{B}$ 有相同的特征值

(B) $\boldsymbol{A}$ 与 $\boldsymbol{B}$ 相似于同一个矩阵 $\boldsymbol{C}$

(C) $\boldsymbol{A}$ 与 $\boldsymbol{B}$ 有相同的特征向量

(D) $\boldsymbol{A}^k$ 与 $\boldsymbol{B}^k$ 相似

2. 若$\begin{pmatrix} 22 & 31 \\ y & x \end{pmatrix}$与$\begin{pmatrix} 1 & 2 \\ 3 & 4 \end{pmatrix}$相似，则 x，y 的值为(　　).

(A) $x=17,y=12$

(B) $x=17,y=-12$

(C) $x=-17,y=12$

(D) $x=-17,y=-12$

3. 矩阵 $\boldsymbol{A}=\begin{pmatrix} 1 & a & 1 \\ a & b & a \\ 1 & a & 1 \end{pmatrix}$与 $\boldsymbol{B}=\begin{pmatrix} 2 & 0 & 0 \\ 0 & b & 0 \\ 0 & 0 & 0 \end{pmatrix}$相似的充分必要条件是(　　).

(A) $a=0,b=2$　　(B) $a=0,b$ 为任意常数

(C) $a=2,b=0$　　(D) $a=2,b$ 为任意常数

4. n 阶矩阵 $\boldsymbol{A}$ 与 $\boldsymbol{B}$ 相似，且 $\boldsymbol{A}^2=\boldsymbol{A}$，则 $\boldsymbol{B}^2=$(　　).

(A) $\boldsymbol{B}$

(B) $\boldsymbol{BA}$

(C) $\boldsymbol{AB}$

(D) $\boldsymbol{A}$

5. 设 $\boldsymbol{A}$ 为 n 阶方阵，$\boldsymbol{C}$ 是 n 阶正交矩阵，且 $\boldsymbol{B}=\boldsymbol{C}^{\mathrm{T}}\boldsymbol{AC}$，则下列结论不成立的是(　　).

(A) $\boldsymbol{A}$ 与 $\boldsymbol{B}$ 相似

(B) $\boldsymbol{A}$ 与 $\boldsymbol{B}$ 有相同的特征向量

(C) $\boldsymbol{A}$ 与 $\boldsymbol{B}$ 有相同的特征值

(D) $\boldsymbol{A}$ 与 $\boldsymbol{B}$ 等价

6. 设 3 阶矩阵 $\boldsymbol{A}$ 与 $\boldsymbol{B}$ 相似，且已知 $\boldsymbol{A}$ 的特征值为 2,2,3，则 $|\boldsymbol{B}^{-1}|=$__________.

7. 设矩阵 $\boldsymbol{A}=\begin{pmatrix}0 & 2 & -3\\ -1 & 3 & -3\\ 1 & -2 & a\end{pmatrix}$相似于矩阵 $\boldsymbol{B}=\begin{pmatrix}1 & -2 & 0\\ 0 & b & 0\\ 0 & 3 & 1\end{pmatrix}$.

(1)求 a,b 的值;

(2)求可逆矩阵 $\boldsymbol{P}$，使 $\boldsymbol{P}^{-1}\boldsymbol{AP}$ 为对角矩阵.

5.3　实对称矩阵及其对角化

1. $\boldsymbol{A}$ 是 n 阶实对称矩阵，$\boldsymbol{P}$ 为 n 阶实可逆矩阵，n 维列向量 $\boldsymbol{\xi}$ 为 $\boldsymbol{A}$ 的属于特征值 λ 的特征向量，则矩阵 $(\boldsymbol{P}^{-1}\boldsymbol{AP})^{\mathrm{T}}$ 的属于特征值 λ 的特征向量为(　　).

(A) $\boldsymbol{P}^{-1}\boldsymbol{\xi}$　　(B) $\boldsymbol{P}^{\mathrm{T}}\boldsymbol{\xi}$　　(C) $\boldsymbol{P}\boldsymbol{\xi}$　　(D) $(\boldsymbol{P}^{-1})^{\mathrm{T}}\boldsymbol{\xi}$

2. 对于实矩阵 $\boldsymbol{A}=\begin{pmatrix}1 & 2 & 2\\ 2 & 1 & 2\\ 2 & 2 & 1\end{pmatrix}$，求一个正交矩阵 $\boldsymbol{U}$，使 $\boldsymbol{U}^{\mathrm{T}}\boldsymbol{AU}$ 为对角矩阵.

3. 设$\boldsymbol{A},\boldsymbol{B}$都是实对称矩阵，证明：存在正交矩阵$\boldsymbol{T}$使$\boldsymbol{T}^{-1}\boldsymbol{A}\boldsymbol{T}=\boldsymbol{B}$的充要条件是$\boldsymbol{A},\boldsymbol{B}$的特征根全部相同.

4. 设矩阵$\boldsymbol{A}=\begin{pmatrix}1&1&a\\1&a&1\\a&1&1\end{pmatrix}$，$\boldsymbol{B}=\begin{pmatrix}1\\1\\-2\end{pmatrix}$，已知线性方程组$\boldsymbol{A}\boldsymbol{x}=\boldsymbol{B}$有解但不唯一，求：

（1）a的值；

（2）正交矩阵$\boldsymbol{Q}$，使$\boldsymbol{Q}^{\mathrm{T}}\boldsymbol{A}\boldsymbol{Q}$为对角矩阵.

第 5 章测验题

一、选择题.

1. 若矩阵 $\boldsymbol{A}$ 和 $\boldsymbol{B}$ 都是 n 阶正交矩阵，且 $|\boldsymbol{A}|+|\boldsymbol{B}|=0$，则下列说法错误的是(　　).

(A) $|\boldsymbol{A}^2|=1$　(B) $|\boldsymbol{B}^T\boldsymbol{B}|=1$　(C) $|\boldsymbol{A}+\boldsymbol{B}|=0$　(D) $|\boldsymbol{A}+\boldsymbol{B}|=2$

2. 若矩阵 $\boldsymbol{A},\boldsymbol{B}$ 相似，λ 是实数，则有(　　).

(A) $\lambda\boldsymbol{E}-\boldsymbol{A}=\lambda\boldsymbol{E}-\boldsymbol{B}$　(B) $|\boldsymbol{A}|=|\boldsymbol{B}|$

(C) $\boldsymbol{A},\boldsymbol{B}$ 有相同的特征向量　(D) $\boldsymbol{A},\boldsymbol{B}$ 均与同一个对角矩阵相似

3. 设 1 和 -1 是 3 阶矩阵 $\boldsymbol{A}=\begin{pmatrix}3&1&-2\\-t&-1&t\\4&1&-3\end{pmatrix}$ 的特征值，则另一个特征值为(　　).

(A) 1　(B) -1　(C) 0　(D) 以上选项都不对

4. 设 λ_1 与 λ_2 是 $\boldsymbol{A}$ 的两个互异特征值，$\boldsymbol{\xi}$ 与 $\boldsymbol{\eta}$ 分别为其特征向量，则下列说法正确的是(　　).

(A) 对任意非零常数 k_1,k_2，$k_1\boldsymbol{\xi}+k_2\boldsymbol{\eta}$ 均为 $\boldsymbol{A}$ 的特征向量

(B) 存在非零常数 k_1,k_2，使 $k_1\boldsymbol{\xi}+k_2\boldsymbol{\eta}$ 均为 $\boldsymbol{A}$ 的特征向量

(C) 对任意非零常数 k_1,k_2，$k_1\boldsymbol{\xi}+k_2\boldsymbol{\eta}$ 均不是 $\boldsymbol{A}$ 的特征向量

(D) 存在唯一的一组非零常数 k_1,k_2，使 $k_1\boldsymbol{\xi}+k_2\boldsymbol{\eta}$ 为 $\boldsymbol{A}$ 的特征向量

5. 设 λ 是 n 阶实矩阵 $\boldsymbol{A}$ 的特征值，且齐次线性方程组 $(\lambda\boldsymbol{E}-\boldsymbol{A})x=0$ 的基础解系为 $\boldsymbol{\xi}$ 与 $\boldsymbol{\eta}$，则 $\boldsymbol{A}$ 的属于特征值 λ 的全部特征向量为(　　).

(A) $\boldsymbol{\xi}$ 与 $\boldsymbol{\eta}$　(B) $\boldsymbol{\xi}$ 或 $\boldsymbol{\eta}$

(C) $k_1\boldsymbol{\xi}+k_2\boldsymbol{\eta}$，其中 k_1,k_2 不全为零　(D) $k_1\boldsymbol{\xi}+k_2\boldsymbol{\eta}$，其中 k_1,k_2 全不为零

6. 矩阵 $\boldsymbol{A}=\begin{pmatrix}1&1\\0&2\end{pmatrix}$ 与 $\boldsymbol{B}=($　　$)$ 相似.

(A) $\begin{pmatrix}-1&0\\0&-2\end{pmatrix}$　(B) $\begin{pmatrix}1&1\\2&2\end{pmatrix}$　(C) $\begin{pmatrix}1&1\\2&0\end{pmatrix}$　(D) $\begin{pmatrix}1&0\\1&2\end{pmatrix}$

二、填空题.

1. 已知 3 阶方阵 $\boldsymbol{A}$ 的特征值为 $1,-2,3$，则 $|6\boldsymbol{A}^{-1}+\boldsymbol{A}^2|=$__________.

2. 设 3 阶矩阵 $\boldsymbol{A}$ 的特征值为 2，-3，λ，且 $|2\boldsymbol{A}|=-48$，则 $\lambda=$__________.

3. 设 2 是 3 阶可逆矩阵 $\boldsymbol{A}$ 的一个特征值，则其逆矩阵 $\boldsymbol{A}^{-1}$ 一定有一个特征值是__________.

4. 已知 3 阶矩阵 $\boldsymbol{A}$ 的特征值分别为 $1,2,-1$，则 $|\boldsymbol{A}|=$__________.

5. 设方阵 $\boldsymbol{A}$ 不可逆，$\boldsymbol{A}$ 一定有特征值__________.

6. 设矩阵 $\boldsymbol{A}=\begin{pmatrix}3&5&0\\1&2&0\\0&0&1\end{pmatrix}$，则 $\boldsymbol{A}$ 的迹 $\mathrm{tr}(\boldsymbol{A})=$__________.

三、解答题.

1. 设 $\boldsymbol{A}=\begin{pmatrix}2&0&0\\0&0&1\\0&1&x\end{pmatrix}$ 与 $\boldsymbol{B}=\begin{pmatrix}2&0&0\\0&y&0\\0&0&-1\end{pmatrix}$ 相似，求 x,y.

2. 问 a 满足什么条件，才能使 $\boldsymbol{A}=\begin{pmatrix}2&1&4\\0&3&a\\0&0&3\end{pmatrix}$ 共有两个线性无关的特征向量？

3. 设矩阵 $\boldsymbol{A}=\begin{pmatrix}2&0&1\\3&1&x\\4&0&5\end{pmatrix}$ 有三个线性无关的特征向量，求 x 的值.

4. 求矩阵 $\boldsymbol{A}=\begin{pmatrix}0&1\\-2&-3\end{pmatrix}$ 的特征值和特征向量.

5. 设矩阵 $\boldsymbol{A}=\begin{pmatrix}3 & 2 & -2\\ -a & -1 & a\\ 4 & 2 & -3\end{pmatrix}$，问 a 为何值时，存在可逆矩阵 $\boldsymbol{P}$，使 $\boldsymbol{P}^{-1}\boldsymbol{AP}$ 为对角矩阵？并求出 $\boldsymbol{P}$ 和相应的对角矩阵.

6. 已知实对称矩阵 $\boldsymbol{A}=\begin{pmatrix}3 & 1 & 0\\ 1 & 3 & 0\\ 0 & 0 & 4\end{pmatrix}$.

(1)求 $\boldsymbol{A}$ 的全部特征值和特征向量；

(2)求正交矩阵 $\boldsymbol{Q}$，使 $\boldsymbol{Q}^{-1}\boldsymbol{AQ}$ 为对角矩阵.

第 6 章 二次型

重点：二次型的概念，二次型的矩阵表示方法，惯性定理的结论，用配方法、正交变换法化二次型为标准型，二次型及其矩阵正定性的概念及判定.

难点：二次型的概念和矩阵表示，二次型及其矩阵正定性的判定.

知识结构

本章重点内容介绍

6.1 二次型及其矩阵表示

1. 设矩阵 $\boldsymbol{A}=\begin{pmatrix}1&1&1&1\\1&1&1&1\\1&1&1&1\\1&1&1&1\end{pmatrix}$，$\boldsymbol{B}=\begin{pmatrix}4&0&0&0\\0&0&0&0\\0&0&0&0\\0&0&0&0\end{pmatrix}$，则 $\boldsymbol{A}$ 与 $\boldsymbol{B}$(　　).

(A) 合同且相似　　(B) 合同但不相似

(C) 不合同但相似　　(D) 不合同且不相似

2. 设 $\boldsymbol{A}$，$\boldsymbol{B}$ 均为 n 阶方阵，对任意的 n 维列向量 $\boldsymbol{x}$，都有 $\boldsymbol{x}^{\mathrm{T}}\boldsymbol{A}\boldsymbol{x}=\boldsymbol{x}^{\mathrm{T}}\boldsymbol{B}\boldsymbol{x}$，则(　　).

(A) $\boldsymbol{A}=\boldsymbol{B}$

(B) $\boldsymbol{A}$ 与 $\boldsymbol{B}$ 等价

(C) 当 $\boldsymbol{A}$ 与 $\boldsymbol{B}$ 均为对称矩阵时，$\boldsymbol{A}=\boldsymbol{B}$

(D) 当 $\boldsymbol{A}$ 与 $\boldsymbol{B}$ 均为对称矩阵时，也可能有 $\boldsymbol{A}\neq\boldsymbol{B}$

3. 二次型 $f(x_1,x_2,x_3)=x_1^2+ax_2^2+x_3^2+2x_1x_2-2x_1x_3-2ax_2x_3$ 的秩为 2，则 $a=$__________.

4. 二次型$f(x_1,x_2,x_3)=\boldsymbol{x}^{\mathrm{T}}\begin{pmatrix}1&3&5\\2&4&6\\7&8&5\end{pmatrix}\boldsymbol{x}$的矩阵是____________.

5. 设二次型$f(x_1,x_2,\cdots,x_n)=(nx_1)^2+(nx_2)^2+\cdots+(nx_n)^2-(x_1+x_2+\cdots+x_n)^2$，$n>1$，求二次型$f$的秩.

6.2 二次型的标准形

1. 设 $\boldsymbol{A}$ 为 3 阶实对称矩阵，若矩阵 $\boldsymbol{A}$ 满足 $\boldsymbol{A}^3+2\boldsymbol{A}^2-3\boldsymbol{A}=0$，则二次型 $\boldsymbol{x}^{\mathrm{T}}\boldsymbol{A}\boldsymbol{x}$ 经正交变换可化为标准形(　　).

(A) $y_1^2+2y_2^2-3y_3^2$　(B) $-3y_1^2+y_2^2$　(C) $y_1^2-2y_2^2$　(D) $3y_1^2-2y_2^2-y_3^2$

2. 二次型 $f(x_1,x_2,x_3)=x_1^2+2x_2^2+ax_3^2-4x_1x_2-4x_2x_3$ 经正交变换化为标准形 $f=2y_1^2+5y_2^2+by_3^2$，则(　　).

(A) $a=3,b=1$　(B) $a=3,b=-1$　(C) $a=-3,b=1$　(D) $a=-3,b=-1$

3. 二次型 $f(x_1,x_2,x_3)=x_1^2+4x_2^2+4x_3^2-4x_1x_2+4x_1x_3-8x_2x_3$ 的规范形是(　　).

(A) $z_1^2+z_2^2+z_3^2$　(B) $z_1^2-z_2^2-z_3^2$　(C) $z_1^2-z_2^2$　(D) z_1^2

4. 设 $\boldsymbol{A}$ 是 3 阶实对称矩阵，$\boldsymbol{E}$ 是 3 阶单位矩阵，若 $\boldsymbol{A}^2+\boldsymbol{A}=2\boldsymbol{E}$，且 $|\boldsymbol{A}|=4$，则二次型 $\boldsymbol{x}^{\mathrm{T}}\boldsymbol{A}\boldsymbol{x}$ 的规范形为(　　).

(A) $y_1^2+y_2^2+y_3^2$　(B) $y_1^2+y_2^2-y_3^2$　(C) $y_1^2-y_2^2-y_3^2$　(D) $-y_1^2-y_2^2-y_3^2$

5. 在正交变换 $\boldsymbol{x}=\boldsymbol{P}\boldsymbol{y}$ 下的标准形为 $2y_1^2+y_2^2-y_3^2$，其中 $\boldsymbol{P}=(e_1,e_2,e_3)$. 若 $\boldsymbol{Q}=(e_1,-e_3,e_2)$，则 $f(x_1,x_2,x_3)$ 在正交变换 $\boldsymbol{x}=\boldsymbol{Q}\boldsymbol{y}$ 下的标准形为(　　).

(A) $2y_1^2-y_2^2+y_3^2$　(B) $2y_1^2+y_2^2-y_3^2$　(C) $2y_1^2-y_2^2-y_3^2$　(D) $2y_1^2+y_2^2+y_3^2$

6. 设二次型 $f(x_1,x_2,x_3)=\boldsymbol{x}^{\mathrm{T}}\boldsymbol{A}\boldsymbol{x}$ 的秩为 1，$\boldsymbol{A}$ 中各行元素之和为 3，则 f 在正交变换 $\boldsymbol{x}=\boldsymbol{Q}\boldsymbol{y}$ 下的标准形为________.

7. 若二次曲面的方程 $x^2+3y^2+z^2+2axy+2xz+2yz=4$ 经正交变换化为 $y_1^2+4z_1^2=4$，则 $a=$____________.

8. 设二次型 $f(x_1,x_2,x_3)=\boldsymbol{x}^{\mathrm{T}}\boldsymbol{A}\boldsymbol{x}=ax_1^2+2x_2^2-2x_3^2+2bx_1x_3(b>0)$，其中二次型的矩阵 $\boldsymbol{A}$ 的特征值之和为 1，特征值之积为 -12.

(1) 求 a,b 的值；

(2) 利用正交变换将二次型化为标准形，写出所用的正交变换和对应的正交矩阵.

9. 求一个正交变换将二次型$f=2x_1^2+3x_2^2+3x_3^2+4x_2x_3$化为标准形.

10. 求一正交矩阵$\boldsymbol{Q}$，使实二次型$f(x_1,x_2,x_3)=2x_1^2+5x_2^2+5x_3^2+4x_1x_2-4x_1x_3-8x_2x_3$在正交线性替换$\boldsymbol{x}=\boldsymbol{Q}\boldsymbol{y}$下可化为标准形.

6.3 正定二次型

1. 设 $\boldsymbol{\alpha}=(1,2,3,4)^{\mathrm{T}},\boldsymbol{A}=\boldsymbol{\alpha}\boldsymbol{\alpha}^{\mathrm{T}}$，则 $\boldsymbol{A}$ 的正惯性指数为(　　).

(A) 1　　(B) 2　　(C) 3　　(D) 4

2. 下面结论中正确的有(　　).

①若 $\boldsymbol{A}$ 为 n 阶实矩阵，且 $\boldsymbol{A}$ 有 n 个正的特征根，则 $\boldsymbol{A}$ 是正定矩阵

②若 $\boldsymbol{A},\boldsymbol{B}$ 都是 n 阶正定矩阵，则对任意 $k,l\in\mathbf{R}$，矩阵 $k\boldsymbol{A}+l\boldsymbol{B}$ 正定

③若 $\boldsymbol{A}$ 为 n 阶实对称矩阵且行列式大于零，则 $\boldsymbol{A}$ 是正定矩阵

④若 $\boldsymbol{A}$ 是 n 阶正定矩阵，则 $\boldsymbol{A}^{-1}$ 也是正定矩阵

(A) 4 个　　(B) 2 个　　(C) 3 个　　(D) 1 个

3. n 元二次型 $\boldsymbol{x}^{\mathrm{T}}\boldsymbol{A}\boldsymbol{x}$ 正定的充分必要条件是(　　).

(A) 存在正交矩阵 $\boldsymbol{P}$ 使 $\boldsymbol{P}^{\mathrm{T}}\boldsymbol{A}\boldsymbol{P}=\boldsymbol{E}$　　(B) 负惯性指数为零

(C) $\boldsymbol{A}$ 的特征值都大于零　　(D) 存在 n 阶矩阵 $\boldsymbol{C}$ 使 $\boldsymbol{A}=\boldsymbol{C}^{\mathrm{T}}\boldsymbol{C}$

4. 下列矩阵为正定矩阵的是(　　).

(A) $\begin{pmatrix}1&0&0\\2&1&0\\2&2&3\end{pmatrix}$　　(B) $\begin{pmatrix}6&2&1\\2&0&5\\1&5&2\end{pmatrix}$　　(C) $\begin{pmatrix}1&-1&0\\-1&2&0\\0&0&3\end{pmatrix}$　　(D) $\begin{pmatrix}4&3&2\\3&4&1\\2&1&-1\end{pmatrix}$

5. 设 $\boldsymbol{A},\boldsymbol{B}$ 均为 n 阶正定矩阵，下列各矩阵中不一定是正定矩阵的是(　　).

(A) $\boldsymbol{AB}$　　(B) $\boldsymbol{A}+\boldsymbol{B}$　　(C) $\boldsymbol{A}^{-1}+\boldsymbol{B}^{-1}$　　(D) $\boldsymbol{A}^{*}$

6. 二次型 $f(x_1,x_2,x_3)=x_1^2+4x_2^2+4x_3^2+2\lambda x_1x_2-2x_1x_3+4x_2x_3$ 为正定二次型，则 λ 的取值范围是(　　).

(A) $-2<\lambda<1$　　(B) $1<\lambda<2$　　(C) $-3<\lambda<-2$　　(D) $\lambda>2$

7. 矩阵 $\boldsymbol{A}=\begin{pmatrix}1&0&0\\0&m&n+3\\0&m-1&m\end{pmatrix}$ 为正定矩阵，则 m 必满足(　　).

(A) $m>\dfrac{1}{2}$　　(B) $m<\dfrac{3}{2}$

(C) $m>-2$　　(D) m 与 n 有关，不能确定

8. 二次型 $f(x_1,x_2,x_3)=a(x_1^2+x_2^2+x_3^2)+2x_1x_2+2x_2x_3+2x_1x_3$ 的正负惯性指数分别为 1,2，则(　　).

(A) $a>1$　　(B) $a<-2$　　(C) $-2<a<1$　　(D) $a=1$ 或 $a=-2$

9. 设二次型 $f(x_1,x_2,x_3)=x_1^2+x_2^2+x_3^2+4x_1x_2+4x_1x_3+4x_2x_3$，则 $f(x_1,x_2,x_3)=2$ 在空间直角坐标系下表示的二次曲面为(　　).

(A) 单叶双曲面　　(B) 双叶双曲面　　(C) 椭球面　　(D) 柱面

10. 如果二次型 $f=\boldsymbol{x}^{\mathrm{T}}\boldsymbol{A}\boldsymbol{x}$ 的矩阵 $\boldsymbol{A}$ 的特征值都是正的，则 $f=\boldsymbol{x}^{\mathrm{T}}\boldsymbol{A}\boldsymbol{x}$ 是________二次型.

11. 若 $f(x_1,x_2,x_3)=2x_1^2+x_2^2+x_3^2+2x_1x_2+tx_2x_3$ 是正定二次型，则 t 的取值范围是________.

12. 已知 3 阶实对称矩阵 $\boldsymbol{A}$ 满足 $\boldsymbol{A}^3+2\boldsymbol{A}^2-\boldsymbol{A}-2\boldsymbol{E}=\boldsymbol{O}$，则二次型 $\boldsymbol{x}^{\mathrm{T}}\boldsymbol{A}\boldsymbol{x}$ 的负惯性指数为________.

13. 对称矩阵$\begin{pmatrix}1 & a\\ a & 2\end{pmatrix}$为正定矩阵的充分必要条件是____________.

14. 设二次型$f(x_1,x_2,x_3)=a(x_1^2+x_2^2+x_3^2)+2x_1x_2+2x_2x_3+2x_1x_3$的正惯性指数为1，负惯性指数为2，试确定$a$的取值范围.

15. 已知$\boldsymbol{A}$是正定矩阵，证明：$k\boldsymbol{A},k\boldsymbol{A}^{-1}$也是正定矩阵，其中$k>0$.

第 6 章测验题

一、选择题.

1. 实二次型 $f=5x_1^2+x_2^2+tx_3^2+4x_1x_2-2x_1x_3-2x_2x_3$ 是正定的，则 t 的取值范围是(　　).

(A) $-\sqrt{2}<t<\sqrt{2}$　(B) $t<2$　(C) $t>2$　(D) $-2<t<2$.

2. 与矩阵 $\boldsymbol{A}=\begin{pmatrix}1&0&-2\\0&-3&1\\-2&1&2\end{pmatrix}$ 对应的二次型是(　　).

(A) $x_1^2-3x_2^2+2x_3^2-2x_1x_3+x_2x_3$　(B) $x_1^2-3x_2^2+2x_3^2-4x_1x_3+2x_2x_3$

(C) $2x_1^2-6x_2^2+4x_3^2-4x_1x_3+2x_2x_3$　(D) 以上选项都不对

3. 二次型 $f(x,y,z)=-5x^2-6y^2-4z^2+4xy+4xz$ 是(　　).

(A) 正定的　(B) 非负定的　(C) 负定的　(D) 非正定的

4. 二次型 $f(x_1,x_2,x_3)=5x_1^2+5x_2^2+ax_3^2-2x_1x_2+6x_1x_3-6x_2x_3$ 的秩为 2，则 $a=$(　　).

(A) 0　(B) 1　(C) 2　(D) 3

5. 设矩阵 $\boldsymbol{A}=\begin{pmatrix}1&1&1&1\\1&1&1&1\\1&1&1&1\\1&1&1&1\end{pmatrix},\boldsymbol{B}=\begin{pmatrix}4&0&0&0\\0&0&0&0\\0&0&0&0\\0&0&0&0\end{pmatrix}$，则 $\boldsymbol{A}$ 与 $\boldsymbol{B}$(　　).

(A) 合同且相似　(B) 合同但不相似

(C) 不合同但相似　(D) 不合同且不相似

6. 设 $\boldsymbol{\alpha}=(1,2,3,4)^{\mathrm{T}},\boldsymbol{A}=\boldsymbol{\alpha}\boldsymbol{\alpha}^{\mathrm{T}}$，则 $\boldsymbol{A}$ 的正惯性指数为(　　).

(A) 1　(B) 2　(C) 3　(D) 4

二、填空题.

1. 二次型 $f(x_1,x_2,x_3)=(x_1,x_2,x_3)\begin{pmatrix}1&3&5\\-5&-4&6\\7&-8&5\end{pmatrix}\begin{pmatrix}x_1\\x_2\\x_3\end{pmatrix}$ 的矩阵是__________.

2. 如果实对称矩阵 $\boldsymbol{A}=\begin{pmatrix}1&\lambda&0\\\lambda&3&1\\0&1&2\end{pmatrix}$ 是正定矩阵，则 λ 的取值范围是__________.

3. 设二次型 $f(x_1,x_2,x_3)=x_1^2-x_2^2+2ax_1x_3+4x_2x_3$ 的负惯性指数为 1，则 a 的取值范围是__________.

4. 已知实二次型 $f(x_1,x_2,x_3)=a(x_1^2+x_2^2+x_3^2)+4x_1x_2+4x_1x_3+4x_2x_3$ 经过正交变换 $\boldsymbol{x}=\boldsymbol{P}\boldsymbol{y}$ 可化为标准形 $f=6y_1^2$，则 $a=$__________.

5. 设 $f(x,y,z)=x^2+4xy+ky^2+z^2$ 为正定二次型，则实数 k 的取值范围是__________.

6. 若实对称矩阵 $\boldsymbol{A}$ 与矩阵 $\boldsymbol{B}=\begin{pmatrix}0&0&0\\0&2&1\\0&1&2\end{pmatrix}$ 合同，则二次型 $\boldsymbol{x}^{\mathrm{T}}\boldsymbol{A}\boldsymbol{x}$ 的规范形为____________.

三、解答题.

1. 设实二次型 $f(x_1,x_2,x_3)=5x_1^2+5x_2^2+3x_3^2-2x_1x_2+6x_1x_3-6x_2x_3$.

(1)求此二次型的秩；

(2)求一个正交变换 $\boldsymbol{x}=\boldsymbol{P}\boldsymbol{y}$，化二次型 f 为标准形，并写出标准形；

(3)判断此二次型是否为正定二次型.

2. 已知二次型 $f(x_1,x_2,x_3)=ax_1^2+2x_2^2-2x_3^2+4x_1x_3$ 对应矩阵的迹为 1. 求常数 a，并求一个正交变换 $\boldsymbol{x}=\boldsymbol{P}\boldsymbol{y}$ 将此二次型化为标准形.

3. 常数 a 满足什么条件，才能使 $f(x_1,x_2,x_3)=x_1^2+2x_2^2+3x_3^2+2x_1x_2-2x_1x_3+2ax_2x_3$ 为正定二次型?

4. 将二次型$f(x_1,x_2,x_3)=-x_1^2-x_2^2-x_3^2+4x_1x_2+4x_1x_3-4x_2x_3$化为标准形，并写出相应的非退化(可逆)线性变换.

5. 设$\boldsymbol{A}$为$m\times n$矩阵，已知矩阵$\boldsymbol{B}=\lambda\boldsymbol{E}+\boldsymbol{A}^{\mathrm{T}}\boldsymbol{A}$. 试证：当$\lambda>0$时，矩阵$\boldsymbol{B}$为正定矩阵.

线性代数期末测试卷（一）

一、选择题.

1. 设$\boldsymbol{A}$是n阶方阵，$|\boldsymbol{A}|=3$，$\boldsymbol{A}^*$是$\boldsymbol{A}$的伴随矩阵，则行列式$|\boldsymbol{A}^*\boldsymbol{A}^{-1}|=$(　　).

(A) 3　　(B) 3^{n-2}　　(C) 3^{n-1}　　(D) 以上选项都不对

2. 设$\boldsymbol{A}$是n阶可逆方阵$(n\geqslant 2)$，$\boldsymbol{A}^*$是$\boldsymbol{A}$的伴随矩阵，则$(\boldsymbol{A}^*)^*=$(　　).

(A) $|\boldsymbol{A}|^n\boldsymbol{A}$　　(B) $|\boldsymbol{A}|^{n-1}\boldsymbol{A}$　　(C) $|\boldsymbol{A}|^{n-2}\boldsymbol{A}$　　(D) 以上选项都不对

3. 设向量组$\boldsymbol{\alpha}_1=(1,2,-1,1),\boldsymbol{\alpha}_2=(2,0,t,0),\boldsymbol{\alpha}_3=(0,-4,5,-2)$的秩是2，则$t=$(　　).

(A) 3　　(B) 0　　(C) 2　　(D) 以上选项都不对

4. n元齐次线性方程组$\boldsymbol{Ax}=\boldsymbol{0}$的秩$r(\boldsymbol{A})=r$，则对应的非齐次线性方程组$\boldsymbol{Ax}=\boldsymbol{b}$有无穷解的充要条件是(　　).

(A) $r=r(\boldsymbol{A},\boldsymbol{b})=n$　　(B) $r<n$

(C) $r=r(\boldsymbol{A},\boldsymbol{b})<n$　　(D) 以上选项都不对

5. 若方阵$\boldsymbol{A}$满足$\boldsymbol{A}^2=\boldsymbol{E}$，则$\boldsymbol{A}$的特征值只能是(　　).

(A) 1或0　　(B) 0或-1　　(C) 1或-1　　(D) 以上选项都不对

6. 若二次型$f=x_1^2+2x_2^2+x_3^2+2x_1x_2+2tx_2x_3$正定，则$t$的取值范围是(　　).

(A) $t\in(-1,1)$　　(B) $t\in(-\sqrt{2},\sqrt{2})$　　(C) $t<0$　　(D) 以上选项都不对

二、填空题.

1. 齐次线性方程组$\begin{cases}x_1+x_2+\lambda x_3=0,\\x_1+\lambda x_2+x_3=0,\\x_1+x_2+x_3=0\end{cases}$仅有零解，则$\lambda$取值范围为__________.

2. 3阶行列式D，其第2列的元素分别为1,2,3，它们的余子式分别为3,2,1，则行列式$D=$__________.

3. 设矩阵$\boldsymbol{A}=\begin{pmatrix}1&a&a&a\\a&1&a&a\\a&a&1&a\\a&a&a&1\end{pmatrix}$的秩$r(\boldsymbol{A})<3$，则$a=$__________.

4. 设$\boldsymbol{A}=\begin{pmatrix}1&0&0\\0&0&1\\0&1&0\end{pmatrix}$，则$\boldsymbol{A}^{-1}=$__________.

5. 若 $\boldsymbol{\alpha}_1=(1,2,-1,1)$，$\boldsymbol{\alpha}_2=(2,0,t,0)$，$\boldsymbol{\alpha}_3=(0,-4,5,-2)$线性相关，则 $t=$____________.

6. 若 3 阶矩阵 $\boldsymbol{A},\boldsymbol{B}$ 满足 $\boldsymbol{A}^2\boldsymbol{B}-\boldsymbol{A}-\boldsymbol{B}=\boldsymbol{E}$，$\boldsymbol{A}=\begin{pmatrix}1&0&1\\0&2&0\\-2&0&1\end{pmatrix}$，则 $|\boldsymbol{B}|=$____________.

三、解答题.

1. 已知 n 阶方阵 $\boldsymbol{A}$ 的 n 个特征值为 $2,3,\cdots,n+1$，$\boldsymbol{E}$ 是 n 阶单位矩阵，求 n 阶行列式 $|\boldsymbol{A}-\boldsymbol{E}|$.

2. 设矩阵 $\boldsymbol{A}$ 满足$\boldsymbol{A}^2-3\boldsymbol{A}+2\boldsymbol{E}=\boldsymbol{0}$，其中 $\boldsymbol{E}$ 为单位矩阵，问能否求出 $\boldsymbol{A}$ 的特征值？$\boldsymbol{A}$ 可逆吗？为什么？

3. 设$f(x)=\begin{vmatrix} x & 2 & 3 & 4 \\ x & 2x & 3 & 4 \\ 1 & 2 & 3x & 4 \\ 1 & 2 & 3 & 4x \end{vmatrix}$，求$f(x)$中$x^4$的系数和$f(0)$.

4. 设二次型$f=x^{\mathrm{T}}Ax=x_1^2+ax_2^2+x_3^2+2x_1x_2+2ax_1x_3+2x_2x_3$，若方程组$\boldsymbol{A}\boldsymbol{x}=(1,1,-2)^{\mathrm{T}}$有解但不唯一，求：

(1)a的值；

(2)求一正交变换，将二次型化为标准型.

5. 设向量组 $\boldsymbol{\alpha}_1,\boldsymbol{\alpha}_2,\boldsymbol{\alpha}_3$ 线性无关，$\boldsymbol{\beta}_1=\boldsymbol{\alpha}_2-\boldsymbol{\alpha}_1,\boldsymbol{\beta}_2=\boldsymbol{\alpha}_3-\boldsymbol{\alpha}_2,\boldsymbol{\beta}_3=\boldsymbol{\alpha}_1-\boldsymbol{\alpha}_3$. 问：$\boldsymbol{\beta}_1,\boldsymbol{\beta}_2,\boldsymbol{\beta}_3$ 是线性相关的还是线性无关的？证明你的结论.

6. 设有向量组 $\boldsymbol{\alpha}_1=\begin{pmatrix}1\\1\\-1\\-1\end{pmatrix}$，$\boldsymbol{\alpha}_2=\begin{pmatrix}1\\4\\-3\\-1\end{pmatrix}$，$\boldsymbol{\alpha}_3=\begin{pmatrix}0\\3\\-2\\0\end{pmatrix}$，$\boldsymbol{\alpha}_4=\begin{pmatrix}2\\5\\-4\\-2\end{pmatrix}$，求此向量组的秩，并求其一个最大无关组.

线性代数期末测试卷（二）

一、选择题.

1. $\begin{vmatrix} a & b \\ c & d \end{vmatrix}+(-1)^{t(234156)}\begin{vmatrix} 0 & b & a \\ 1 & a & b \\ 0 & d & c \end{vmatrix}=(\quad)$.

(A) $ad-cb$　　(B) $2(ad-cb)$　　(C) 0　　(D) $ad+cb$

2. 设矩阵 $\boldsymbol{A}$ 与矩阵 $\boldsymbol{B}$ 等价，则下列说法正确的是(　　).

(A) $\boldsymbol{A}$ 的秩小于 $\boldsymbol{B}$ 的秩　　(B) $\boldsymbol{A}$ 的秩大于 $\boldsymbol{B}$ 的秩

(C) $\boldsymbol{A}$ 的秩等于 $\boldsymbol{B}$ 的秩　　(D) $\boldsymbol{A}$ 与 $\boldsymbol{B}$ 的行列式相等

3. 向量组 $\boldsymbol{I}$：$\boldsymbol{\alpha}_1,\cdots,\boldsymbol{\alpha}_s(s\geqslant 3)$线性相关的充分必要条件是(　　).

(A) $\boldsymbol{I}$ 中每个向量都可以用其余的向量线性表示

(B) $\boldsymbol{I}$ 中至少有一个向量可用其余的向量线性表示

(C) $\boldsymbol{I}$ 中只有一个向量能用其余的向量线性表示

(D) $\boldsymbol{I}$ 的任何部分组都线性相关

4. n 阶方阵 $\boldsymbol{A}$ 能与对角矩阵相似的充分必要条件是(　　).

(A) $\boldsymbol{A}$ 是实对称矩阵

(B) $\boldsymbol{A}$ 的 n 个特征值互不相等

(C) $\boldsymbol{A}$ 具有 n 个线性无关的特征向量

(D) $\boldsymbol{A}$ 的特征向量两两正交

5. 向量组 $\boldsymbol{\alpha}_1=\begin{pmatrix}1\\1\\2\end{pmatrix},\boldsymbol{\alpha}_2=\begin{pmatrix}3\\t\\1\end{pmatrix},\boldsymbol{\alpha}_3=\begin{pmatrix}0\\2\\-t\end{pmatrix}$线性无关的充分必要条件是(　　).

(A) $t=5$ 或 $t=-2$　　(B) $t\neq 5$ 且 $t\neq -2$

(C) $t\neq 5$ 或 $t\neq -2$　　(D) 以上选项都不对

6. 设 $\boldsymbol{A}$ 为 $m\times n$ 矩阵，$r(\boldsymbol{A})=r$，$\boldsymbol{B}$ 为 m 阶可逆矩阵，$\boldsymbol{C}$ 为 m 阶不可逆矩阵，且 $r(\boldsymbol{C})<r$，则下列结论正确的是(　　).

(A) 方程 $\boldsymbol{BAx}=\boldsymbol{0}$ 的基础解系由 $n-m$ 个向量组成

(B) 方程 $\boldsymbol{BAx}=\boldsymbol{0}$ 的基础解系由 $n-r$ 个向量组成

(C) 方程 $\boldsymbol{CAx}=\boldsymbol{0}$ 的基础解系由 $n-m$ 个向量组成

(D) 方程 $\boldsymbol{CAx}=\boldsymbol{0}$ 的基础解系由 $n-r$ 个向量组成

二、填空题.

1. $A=\begin{vmatrix} a & b & c & d \\ d & a & c & b \\ b & d & c & a \\ a & c & c & b \end{vmatrix}$ 的(i,j)元的代数余子式为A_{ij}，则$A_{11}+A_{21}+A_{31}+A_{41}=$____________.

2. 设n阶方阵$\boldsymbol{A}$与s阶方阵$\boldsymbol{B}$都可逆，则$\begin{pmatrix} \boldsymbol{O} & \boldsymbol{A} \\ \boldsymbol{B} & \boldsymbol{O} \end{pmatrix}^{-1}=$____________.

3. 设$\boldsymbol{B}=\begin{pmatrix} 1 & 0 & 0 \\ 0 & 1 & 0 \\ 0 & 0 & 2 \end{pmatrix}$满足$\boldsymbol{AB}=\boldsymbol{A}-2\boldsymbol{B}-\boldsymbol{E}$，则$(\boldsymbol{A}+2\boldsymbol{E})^{-1}=$____________.

4. 已知$\boldsymbol{A}=\boldsymbol{B}^2-\boldsymbol{B}$，$\boldsymbol{B}=\begin{pmatrix} 1 & 2 & 3 & \cdots & n-1 & n \\ 0 & 1 & 0 & \cdots & 0 & 0 \\ 0 & 0 & 1 & \cdots & 0 & 0 \\ \vdots & \vdots & \vdots & & \vdots & \vdots \\ 0 & 0 & 0 & \cdots & 1 & 0 \\ 0 & 0 & 0 & \cdots & 0 & 1 \end{pmatrix}$，则$r(\boldsymbol{A})=$____________.

5. 设n维向量组$\boldsymbol{\alpha}_1,\boldsymbol{\alpha}_2,\cdots,\boldsymbol{\alpha}_s,\boldsymbol{\alpha}_{s+1}(s<n)$线性无关，则向量组$\boldsymbol{\alpha}_1,\boldsymbol{\alpha}_2,\cdots,\boldsymbol{\alpha}_s$的秩为________.

6. 若$\boldsymbol{A}$是n阶方阵，$|\boldsymbol{A}|=2$，λ是常数，则$|\lambda\boldsymbol{A}|=$____________.

三、解答题.

1. 求4阶行列式$D=\begin{vmatrix} 1 & 1 & 1 & 1 \\ 2 & 2 & 0 & 0 \\ 3 & 0 & 3 & 0 \\ 4 & 0 & 0 & 4 \end{vmatrix}$的所有元素的代数余子式之和.

2. 设$\boldsymbol{A}=\begin{pmatrix}2 & -1 & 3\\ a & 1 & b\\ 4 & c & 6\end{pmatrix}$，若存在秩大于 1 的 3 阶矩阵 $\boldsymbol{B}$ 满足 $\boldsymbol{BA}=\boldsymbol{0}$，求 $\boldsymbol{A}^2$.

3. 设 $\boldsymbol{A},\boldsymbol{B}$ 均为 n 阶正交方阵，且 $|\boldsymbol{A}|+|\boldsymbol{B}|=0$，证明：$|\boldsymbol{B}+\boldsymbol{A}|=0$.

4. 设 $\boldsymbol{A}$ 为 3 阶实对称矩阵，若有正交矩阵 $\boldsymbol{Q}$，使 $\boldsymbol{Q}^{\mathrm{T}}\boldsymbol{AQ}=\begin{pmatrix}-1 & 0 & 0\\ 0 & -1 & 0\\ 0 & 0 & 2\end{pmatrix}$，再设 $\boldsymbol{\alpha}=\begin{pmatrix}-1\\ -1\\ 1\end{pmatrix}$，使 $\boldsymbol{A}^*\boldsymbol{\alpha}=\boldsymbol{\alpha}$. 求矩阵 $\boldsymbol{Q}$ 和矩阵 $\boldsymbol{A}$.

5. 设 $\boldsymbol{A}=\begin{pmatrix}1&0&1\\1&2&0\\0&1&2\end{pmatrix}$，证明：$\boldsymbol{A}+2\boldsymbol{E}$ 可逆，并计算 $(\boldsymbol{A}+2\boldsymbol{E})^{-1}(\boldsymbol{A}^2-4\boldsymbol{E})$.

6. 通过正交变换 $\boldsymbol{x}=\boldsymbol{P}\boldsymbol{y}$ 把二次型 $f(x_1,x_2,x_3)=2x_1^2+3x_2^2+3x_3^2+4x_2x_3$ 化为标准形，写出正交矩阵 $\boldsymbol{P}$.

7. 已知 3 阶矩阵 $\boldsymbol{A}$ 的特征值为 $1,\frac{1}{2},\frac{1}{3}$，求 $|\boldsymbol{A}^*+\boldsymbol{A}^{-1}+\boldsymbol{E}|$.